PRATIQUE

DES

DÉFRICHEMENS.

. . . . Penses-tu que , retiré chez toi ,
Pour les tiens , pour l'état tu n'as plus rien à faire ?
La nature t'appelle , apprends à l'observer ;
La France a des déserts , ose les cultiver ;
Elle a des malheureux ; un travail nécessaire ,
Ce partage de l'homme et son consolateur ,
En chassant l'indigence , amène le bonheur :
Change en épis dorés , change en gras pâturages
Ces ronces , ces roseaux , ces affreux marécages.
. . . .
. . . .
. . . .

. . . .

D'un canton désolé l'habitant s'enrichit ;
TURBILLY , dans l'Anjou , t'imite et t'applaudit.

VOLTAIRE.

PRATIQUE

DES

DÉFRICHEMENS.

PAR

Louis-François-Henri DE MENON,
MARQUIS DE TURBILLY.

QUATRIÈME ÉDITION,

Augmentée de la correspondance agricole de l'auteur avec la société économique de Berne, et de notes extraites des Mémoires de cette société.

Ouvrage divisé, pour la première fois, en chapitres et en sommaires, et terminé par une Table des matières qui manquait aux éditions précédentes.

Avec une Planche en taille-douce.

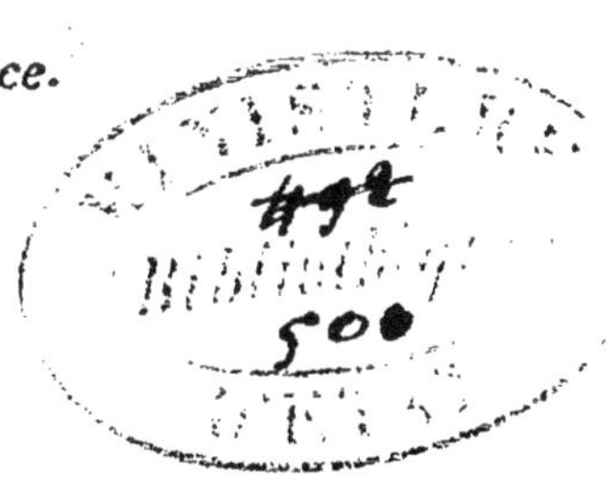

PARIS,

MARCHANT, LIBRAIRE POUR L'AGRICULTURE, RUE DES GRANDS-AUGUSTINS, N°. 20.

1811.

AVERTISSEMENT DE L'AUTEUR.

J'ai annoncé, dans mon Mémoire sur les Défrichemens, que, l'ayant fait pour l'utilité générale, j'aurais manqué mon but, si les fermiers et petits propriétaires n'en profitaient pas.

Comme ils n'ont pas besoin de savoir comment les seigneurs doivent s'y prendre, ni quels moyens le Gouvernement peut employer pour encourager les défrichemens, et qu'il leur importe seulement d'être instruits des différentes façons de mettre en valeur les terres incultes qu'ils possèdent, j'ai extrait, particulièrement pour leur usage, cette Pratique des Défrichemens, contenue dans la première partie de mon Mémoire, et je l'ai fait imprimer séparément, au meilleur marché possible, afin que tous soient en état de se la procurer sans en craindre la dépense, qui sera très·modique, et que je désirerais pouvoir leur épargner.

INTRODUCTION.

DE tous les objets qui méritent notre attention, il n'en est point de plus important que la culture des terres. On en voit en France une si grande quantité d'abandonnées, que tout bon citoyen qui voyage dans les provinces, ne peut s'empêcher d'en gémir.

Ce royaume est cependant situé sous l'un des plus heureux climats de l'univers, des plus tempérés, et des plus propres à différentes sortes de productions.

Le défrichement des terres incultes, dont je traite ici, est une matière fort intéressante, et cependant presque toute neuve encore, personne ne l'ayant décrite jusqu'à présent que très-superficiellement.

Je n'avancerai rien à ce sujet que je n'aie éprouvé par moi-même depuis vingt-deux ans, avec tout le soin et l'attention possibles.

Ayant trouvé la plus grande partie de mon terrein délaissé, je me suis attaché à en faire défricher une portion chaque année, ne pouvant entreprendre le tout à la fois.

Le succès a répondu à mon attente, et m'a

encouragé dans mes travaux, que je continue toujours.

Mes défrichemens, situés en Anjou, et pratiqués dans toutes les espèces de terre, forment aujourd'hui un ensemble assez considérable pour l'étendue et le revenu.

Cette longue expérience a été soutenue par ce que j'ai vu pratiquer dans une grande partie de l'Europe, où j'ai voyagé avec l'esprit de curiosité et de remarque, naturel à tout amateur de l'agriculture qui veut profiter des découvertes des différens peuples. Mon goût m'a porté à cette recherche; il a été excité par le double motif d'être utile à ma patrie, et de tirer parti de mes terres incultes. Le bien général a concouru dans cette occasion avec l'intérêt particulier; ainsi on peut avoir une entière confiance dans ce que je vais dire.

AVIS

POUR CETTE NOUVELLE ÉDITION.

On peut espérer que cette quatrième édition sera accueillie favorablement du public, si on la compare aux précédentes, dont les figures, gravées sur bois, ne donnaient qu'une idée très-imparfaite des objets qu'elles représentaient, et dont le plan n'admettait aucune coupure dans tout l'ouvrage : on était forcé d'en faire la lecture comme d'un seul trait, parce qu'il ne s'y trouvait pas de classification, pas de division des matières.

Celle-ci, au contraire, est divisée en six chapitres formés par des coupures indiquées par l'ouvrage même, puis divisés encore en sommaires qui, en nécessitant une table, facilitent la recherche des passages qu'on désire consulter.

Les mémoires du marquis de Turbilly sur les défrichemens ont été très-répandus dans le tems, très-estimés, et méritaient de l'être ; ils ont été traduits en allemand, en anglais, et plusieurs sociétés d'agriculture qui s'établissaient à-peu-près à la même époque, les ont inscrits en partie ou en totalité dans leurs collections. Ils se trouvent en entier dans les mémoires de la société économique de Berne, d'où nous avons extrait deux petites figures, quelques notes et une lettre fort étendue de l'auteur, qui ne se trouvent pas dans les éditions publiées par lui-même.

On pourrait faire peut-être un reproche à la méthode qu'il recommande avec le plus d'instance, méthode qu'on serait tenté de qualifier de préjugé du tems où il vivait, et qui conserve encore de nombreux partisans : c'est la culture trop répétée des plantes céréales à toutes les époques et dans presque toutes les circonstances des défrichemens, sur lesquels l'auteur multiplie les années de repos, pour laisser à la terre épuisée le tems de se refaire de ses produits non interrompus en seigle, méteil et froment. Il ne dit rien ou très-peu de chose des prairies artificielles , si propres à remplir ces années de repos , si utiles dans toutes les occasions , et si faciles à établir par des essais proportionnés à toutes les fortunes.

Mais on pourra suppléer à cette réticence de l'auteur , en se procurant quelqu'un des ouvrages qui ont traité ce sujet , et notamment le Traité des prairies artificielles de Gilbert , revu et augmenté par Cretté-Palluel.

Nous avions d'abord conçu le projet de réimprimer le plus volumineux des ouvrages du marquis de Turbilly , le *Mémoire sur les défrichemens ;* mais nous avons reconnu que la plupart de ses détails sur les droits féodaux , la taille , la mendicité , la chasse , etc. étaient inutiles aujourd'hui , par les heureux changemens que les campagnes ont éprouvés depuis vingt ans , et nous avons cru devoir nous borner à la *Pratique.* Ajoutons , avec l'auteur , que c'est peut-être le seul moyen d'être véritablement utile aux petits propriétaires et fermiers , qui souvent sont dégoûtés de la lecture par les *superfétations* de la théorie.

Le marquis de Turbilly , ses écrits et ses travaux agricoles étaient tombés dans une espèce d'oubli , lorsqu'Arthur Young , par un de ces élans qui n'appartiennent qu'aux ames ardemment passionnées pour le premier des arts , vint parcourir la France pour en étudier l'agriculture et en vérifier les produits. La rapidité de sa marche , les préventions d'un étranger , et sur-tout d'un Anglais , font tort quelquefois à sa sagacité et à l'exactitude des détails ; mais on reconnaît par-tout dans ses *Voyages en France* le coup-d'œil du grand observateur , et l'on ne peut sans ingratitude disconvenir des services qu'il a rendus à notre agriculture.

Renfermons-nous ici dans notre sujet , et rappellons qu'Arth. Young s'est écarté de sa route pour visiter la terre de Turbilly , et qu'il y a éprouvé , pour la mémoire de l'ancien propriétaire , une sorte d'enthousiasme religieux qu'il fait partager au lecteur. Cependant le court espace d'environ quinze ans avait suffi pour effacer presque entièrement les traces des travaux du disciple de Cincinnatus ; son nom allait être inconnu parmi ses plus proches compatriotes , si un étranger n'eût retrouvé des peupliers , des pins garans de ses succès et témoins muets de sa gloire.

Espérons que , du sein de ces nombreuses sociétés d'agriculture qui couvrent le sol de la France , une voix s'élevera qui proposera au concours l'éloge de Turbilly , de ce guerrier-cultivateur qui défendit son pays par l'épée et l'enrichit par la charrue. N'attendons pas , pour jetter quelques fleurs sur sa tombe, que la race de ses contemporains soit éteinte , et qu'il ne reste à l'historien et à l'orateur que des fragmens et des monumens incertains à consulter.

Déjà nos démarches ont été infructueuses pour ajouter de nouveaux documens à ceux qui se trouvent consignés dans les *Voyages en France*. On sait seulement que le marquis de Turbilly est mort en 1776 , à l'âge de cinquante-neuf ans. Il fut lieutenant-colonel de cavalerie. Ses voyages et ses campagnes , en le familiarisant avec les pratiques agricoles d'une grande partie de l'Europe , avaient développé son goût pour l'amélioration des terres , et les fatigues , les difficultés de la guerre ne le rendaient que plus constant à se roidir contre les obstacles qu'il rencontrait dans ses défrichemens ; tous les printems , il quittait ses travaux pour rejoindre son régiment ou pour entrer en campagne , puis il venait les reprendre avec les quartiers d'hiver. Malgré les contrariétés de ces déplacemens répétés , ses entreprises , couronnées du succès , servirent d'encouragement , de précepte et de modèle à ses compatriotes et à tous les peuples voisins de la France.

On peut voir dans les *Voyages en France , par Arthur Young , tome I , page 276 et suivantes de la seconde édition* , quelques détails assez curieux sur le marquis et la terre de Turbilly , détails si souvent cités ou copiés , que nous avons cru inutile de les reproduire encore.

PRATIQUE

DES

DÉFRICHEMENS.

CHAPITRE PREMIER.

*Travaux préliminaires pour les défrichemens,
et description de la Sonde employée pour
s'assurer de la qualité des couches inférieures du sol.*

Lorsque l'on veut défricher un terrein, il
faut d'abord le faire sonder en divers endroits,
à huit ou dix pieds de profondeur, afin d'en
connaître la qualité, et l'épaisseur des différentes couches de terre qui s'y rencontrent.
On les trouvera toujours posées horisontale-
ment, ainsi que je l'ai observé dans plusieurs
pays, où j'ai descendu jusqu'à trois cents
pieds sous terre dans des mines.

Cette épreuve se fera à peu de frais, au
moyen d'une sonde composée de deux barres
de fer arrondies, de six pieds de long chacune,
et de deux pouces de grosseur, qui se vissent

l'une dans l'autre ; elles sont toutes les deux percées, savoir, la première à trois, quatre et cinq pieds de hauteur, et la seconde de pied en pied, pour y pouvoir passer de petites chevilles de fer, qui servent à retenir une manivelle ou manche de bois de deux pieds de longueur et cinq à six pouces de grosseur, au milieu duquel il y a un trou suffisant par où ces barres passent, en sorte que cela forme la figure d'une croix. C'est par ce manche de bois qu'on tient la sonde, et qu'on l'enfonce successivement en commençant par la première barre, soit en la tournant dans la terre, soit en la haussant et baissant avec force, lorsqu'on rencontre des pierres.

On place, au bout ce cette première barre, une pointe d'acier de quatre pouces de long, forte et point trop aiguë ; elle se visse aussi dans la même barre, à laquelle, quatre pouces plus haut, on a fait faire une ouverture ou rainure d'un côté, d'un demi-pied de long, pour recevoir la terre. Telle est la construction de cette sonde. Quand on s'en sert, on la retire à mesure, de six pouces en six pouces, pour voir l'espèce de terre ou de pierres contenues dans la rainure. Il est nécessaire de se pourvoir de cet instrument, qu'un homme ou deux font aller aisément. J'ai vu sonder, de cette façon, à plus de cent pieds de profondeur, pour chercher de la mine : l'opération était semblable ; le nombre des barres de fer de même longueur, entrant pareillement les unes dans les autres, et percées de pied en pied, était seulement multiplié. Quand il y en avait un certain nombre, en les levant et les laissant retomber, leur propre poids les faisait entrer à chaque fois fort avant dans la terre, et percer même les rochers les plus durs. On avait des pointes d'acier de différentes formes, pour succéder à celles qui s'usaient. On mettait même quelquefois à leur place une mèche ou une cuiller très-coupante, dans le goût de celles dont se servent les charpentiers, laquelle rapportait de la matière du fond. Le plus long de ce procédé était le dévidage de toutes ces barres de fer, qu'on était obligé de retirer souvent, pour voir, de degré en degré, la nature des couches intérieures. En remontant ces barres, on les arrêtait successivement par des chevilles de fer qu'on passait dans les trous faits pour tenir le manche, et qui étaient aussi destinés pour cet usage ; sans cela on aurait couru risque, lorsqu'on changeait le manche de place, qu'elles eussent échappé et retombé au fond, d'où il aurait été souvent difficile et même très-coûteux de les retirer.

J'ai décrit cette manœuvre des mines pour ceux qui auront la curiosité de faire sonder leurs fonds plus avant que je n'ai demandé, et qui seront bien aises d'être instruits de tout ce qu'ils renferment. (*Voyez la description détaillée de la Sonde et de l'Ecobue à la fin du volume.*)

Réduction ou destruction du gibier.

Après s'être mis au fait, par le moyen de la sonde, de la qualité du sol de son terrein, il est indispensable de n'y point souffrir une trop grande quantité de gibier; on ne doit en laisser que pour le nécessaire et l'agrément, mais pas assez pour causer du tort; l'on fera même très-bien d'y détruire entièrement les lapins, et de les renvoyer dans les garennes. Ces animaux malfaisans sont ennemis nés de l'agriculture; ils attaquent également les grains, les plantes et les bois; quand on les laisse trop multiplier, ils ravagent tout un pays, et s'en rendent pour ainsi dire les maîtres. Il faut aussi en écarter les cerfs et les biches, qui mangent le blé et achèvent de le

ruiner avec leurs pieds, ainsi que les sangliers,
qui retournent encore la terre avec leur bou-
toir. Si l'on ne peut éloigner tous ces ennemis
et se garantir de leur dommage, je ne conseille
pas d'entreprendre un défrichement. En vain,
après bien des peines et des travaux coûteux,
semerait-on ; cette multitude de gibier dévô-
rerait tout, et on ne recueillerait rien.

Obstacles qui s'opposent à l'entreprise des défrichemens.

Il est à propos de faire mention à présent
de trois obstacles qu'on rencontre très-souvent, du moins en partie, lorsque l'on veut
faire quelque défrichement : ce sont l'eau, les
pierres et les racines.

Inutilement semerait-on un terrein aquatique, le blé y pourrirait pendant l'hiver, et
on perdrait son tems et sa semence. On se
délivre de l'eau par des fossés, des saignées,
des rigoles et des puisards profonds, enfoncés
de pierres tirées du même champ, et couverts
d'assez de terre pour que la charrue puisse
y passer. Il n'y a point de terrein, quelque
plat qu'il paraisse, qui ne se trouve, en le
nivelant, avoir de la pente, et c'est de cette

pente qu'il faut profiter, en employant ces différens moyens. Si, par un hasard que l'on rencontre quelquefois, les terres voisines sont plus hautes que celles qu'on veut défricher, et y retiennent l'eau, on trouvera sûrement, à la proximité, quelque ravin, vallon ou terrein plus bas, dans lequel on pourra la verser par le moyen d'un puisard suffisamment profond qui y aboutira, en passant par ces terres voisines.

Quant aux pierres, il est de toute nécessité de faire bêcher, et d'ôter du moins celles assez grosses pour empêcher le cours libre de la charrue. Si l'on rencontre quelques roches considérables, on peut les faire sauter et éclater à peu de frais avec de la poudre à canon, en prenant les précautions convenables contre tout accident. Si l'on n'a pas besoin de ces pierres, et qu'on ne veuille point perdre de terrein pour les placer, on les mettra, sur le lieu même, dans des trous profonds qu'on recouvrira de terre suffisamment pour le passage de la charrue ; ce ne sera pas là que viendra le plus mauvais blé, ainsi que je l'ai éprouvé. Il est bon de faire épierrer dans la suite le terrein, et d'en ôter toutes les pierres plus grosses que le poing.

A l'égard des racines, c'est une chose indispensable que de faire arracher à coups de tranches ou de pioches toutes celles qui peuvent arrêter la charrue et la mettre en danger d'être brisée, ou empêcher l'effet de l'outil appellé en Anjou *Ecobue*, dont je parlerai dans la suite. Telles sont les racines d'arbres, de quelques pieds de bruyères très-grandes et vieilles, nommées en Anjou *bruyères mâles;* des ajoncs de la grande espèce, qui croissent beaucoup, et viennent quelquefois, comme en Bretagne, plus hauts qu'un homme à cheval; de grosses épines, des genièvres, de plus forts genêts, et autres qu'il est inutile que je détaille ici, attendu qu'on les discernera facilement par l'inspection du lieu. S'il se trouve du bois ou de vieilles souches, on aura grand soin aussi de les faire arracher; on pourra même faire éclater les plus grosses de ces souches avec de la poudre, ainsi que je l'ai dit en parlant des roches. Pour ce qui est des bruyères communes, des ajoncs, épines et genêts de la petite espèce, des ronces et des différentes sortes de moindres productions sauvages qui ne sont pas capables de résister à la charrue ni à l'écobue, on ne les attaquera point encore dans ce moment.

Examen de la qualité du terrein.

Nous avons pris jusqu'ici toutes les précautions possibles : nous avons d'abord marché la sonde à la main, repoussé ensuite les ennemis qui voulaient troubler notre entreprise, surmonté les obstacles qui s'opposaient à notre établissement; voyons à présent quel est le terrein que nous avons à défricher, et comment nous nous y prendrons pour le mettre en valeur.

Il y a plusieurs sortes de terres incultes en France : les unes en landes et bruyères, les autres en friches et déserts plus ou moins arides, sans compter les marais, qui demanderaient un traité particulier, et dont par cette raison je ne parlerai que très-superficiellement.

Ces terres incultes se divisent communément en trois espèces.

Les mauvaises, dont je traiterai d'abord.

Les médiocres, qui viendront ensuite.

Et les bonnes, par lesquelles je finirai.

L'ordre de la marche des défrichemens exige cette gradation.

Les terres que tout le monde regarde comme mauvaises, et qui véritablement se trouvent de la moindre qualité, sont les sables vifs et brûlans, propres à faire du mortier , étant mêlés avec de la chaux. Il y en a de blancs, de jaunâtres et de rouges ; ils sont généralement abandonnés ; cependant il n'est pas de terrein , si ingrat qu'il paraisse , qui ne produise lorsqu'il est travaillé , et qui ne dédommage des peines et des soins qu'on s'y donne.

CHAPITRE II.

DIVISION DES TERRES EN TROIS CLASSES.

I. Défrichement des sables vifs.

Les sables vifs ne poussent quelquefois rien du tout ; ce sont là les moindres. D'autres fois ils ne produisent que de la mousse ou de la petite lande et bruyère , mince et clairsemée d'espace en espace , entremêlée de quelques brins d'herbe. S'ils ne rapportent pas autant que les autres terreins , ils coûtent en revanche bien moins à mettre en valeur. L'on y rencontrera rarement les trois obstacles de l'eau , des pierres et des racines , dont j'ai dit qu'il fallait d'abord se délivrer. S'ils ne poussent rien du tout , on pourra les labourer en différens sens , et les semer ensuite de la

façon que je vais expliquer ; s'ils produisent
de cette petite bruyère mêlée de quelques
herbes , dont je viens de parler , on y mettra
le feu , pour tâcher de la faire brûler sur pied.
Dans le cas où ces bruyères et herbes se trouveront trop claires pour qu'on puisse y parvenir , cela ne doit point inquiéter : comme
leurs racines ne sont pas capables d'arrêter la
charrue , ni de lui faire aucun tort , on passera outre , et on labourera d'abord le terrein
au commencement du printems par un tems
sec , avec la charrue à une oreille. Quinze
jours après on y donnera , avec la même charrue , un second labour en travers : il s'agit de
détruire les racines de mousse , de landes, de
bruyères et d'herbes , qui donnent de la fadeur
à la terre. Pour cet effet , au bout de quinze
autres jours , l'on introduira sur ce terrein des
femmes et enfans qui , avec des rateaux de fer
et de bois , l'émotteront , tireront ces racines,
les secoueront et les feront sécher ; dès qu'elles
seront suffisamment sèches , ils les mettront
en monceaux d'espace en espace , les brûleront et en répandront les cendres sur le champ,
où elles seront aussi-tôt enterrées , avec la
même charrue , par un troisième labour de
l'autre sens , c'est-à-dire , dans la même di-

rection que le premier. Le travail de ces femmes et enfans coûtera très-peu.

Quelque tems après ce troisième labour, on pourra, si l'on veut, faire herser ce sable avec une herse très-légère, parce qu'il n'aurait pas la force d'en porter une lourde qui l'applatirait trop ; on le fumera ensuite convenablement, soit avec du fumier naturel, soit avec du fumier artificiel dont je donnerai la composition dans la suite ; après quoi l'on y semera, dans la saison ordinaire pour le pays, du sarrasin ou blé noir. Le tems de cette semaille, en Anjou, est entre la grande et la petite Fête-Dieu.

Ce grain n'est point à mépriser ; il multiplie beaucoup, il se vend très-bien, il est propre à engraisser des volailles et des cochons ; on en fait même du pain dans des cantons de l'Anjou, du Maine, de la Normandie, de la Bretagne et autres pays ; c'est celui qui réussira le mieux dans ces sortes de sables, où il se plaît : la récolte qu'on en fera en automne, dédommagera des frais du défrichement.

Si l'on ne destine pas ce terrein à porter d'autre grain, il est inutile de l'améliorer à demeure ; on aura seulement soin, par un labour fait aussi-tôt après la récolte, d'en déraciner et enterrer le chaume , qui laisserait une mauvaise qualité à la terre ; et l'année suivante on la semera encore , après avoir mis les fumiers et donné les façons nécessaires.

La seconde récolte, qui se trouvera plus abondante que la première, sera en pur profit. On laissera ensuite reposer ce terrein pendant un an ; après quoi, de deux années l'une, on le semera toujours de la même manière en blé noir , qui y viendra bien. Il n'est pas possible de se procurer, avec des frais plus minces, un revenu honnête d'un terrein aussi méprisé , et dont en général on ne retire rien presque par-tout.

Semis de pins , pour remplacer le sarrasin , dans les sables vifs.

Si on destine le terrein à produire du bois , dans ce cas-là on n'y mettra point de fumier, et , après la première récolte de blé noir que je conseille toujours d'y faire , on y donnera pendant l'hiver deux tours de charrue ; au mois de Mars on en donnera un troisième ; ensuite , par un tems sec et calme, on y semera très-clair de la graine de sapin, appellée ailleurs *graine de pin*, de l'espèce moyenne.

Comme elle est fort menue (1), le semeur pourra la mêler dans sa main avec du sable, crainte qu'elle ne se trouve répandue trop épais sur le champ, inconvénient dans lequel on tombe ordinairement. On fera suivre le semeur par des femmes et des enfans qui, avec des rateaux de bois, recouvriront cette semence, laquelle ne demande qu'environ un pouce de terre sur elle pour venir à souhait; la herse l'enterrerait trop.

J'ai semé de cette façon plusieurs morceaux de terre qui ont réussi; entr'autres, il y a dix ans que j'y employai un canton assez étendu; il forme aujourd'hui un très-joli bois; les sapins (2) ont vingt-cinq pieds de haut,

---

(1) Cette description ne serait pas très-intelligible, si Arthur Young, qui a trouvé des traces des travaux du marquis de Turbilly dans la terre de ce nom, ne nous apprenait qu'il est question du pin de Bordeaux (*Pinus sylvestris maritima* de Miller); mais comme il est dit ici *de l'espèce moyenne*, on ne peut assurer que ce ne soit pas une variété que l'auteur ait voulu désigner ici. Au reste on peut consulter à cet égard le *Traité des Arbres résineux conifères* de Tschudi, dont il paraitra une nouvelle édition dans le courant de Janvier 1811. (*Note de l'éditeur.*)

(2) Pour les Français, qui en général aiment à jouir promptement, la croissance des arbres de ce genre,

et sont gros à proportion ; on les a déjà émon-
dés différentes fois, et leur dernier émon-
dage m'a produit cette année plusieurs mil-
liers de fagots , dont le prix vaut seul quatre
fois plus qu'il ne m'en a coûté pour défricher
et semer le terrein. Ces sapins (1) ont à présent des pommes (ou cônes) où est renfer-
mée la graine qui dans la suite peuplera de
sapins tout le voisinage. Cette graine , sortant
des pommes qui tombent et s'ouvrent , est
portée par les vents aux environs, et lève
presque par-tout, ainsi que je l'ai vu en divers
endroits. Elle est fort menue , comme je l'ai
dit ci-dessus , et il en faut peu pour semer un
grand espace : on en emploie communément
dans le Maine trente livres pour ensemencer

---

dans leur jeunesse , est d'une lenteur presque décou-
rageante ; mais , après les dix premières années , la
pousse annuelle est considérable , et surpasse celle de
la plupart des autres arbres. Pour encourager à cette
culture si facile jusque dans les sols les plus ingrats et
les plus arides , faut-il autre chose que le tableau
animé d'un bois toujours vert , qui succède à une
plaine triste , morne et déserte ? (*Editeur.*)

(1) Il est inutile de répéter , d'après la première
note de la page 13 , que , par-tout où l'auteur emploie
le mot *sapin* , il faut y substituer le mot *pin*.

un arpent de terrein , de même étendue que celui d'Anjou ; mais l'expérience m'a appris qu'on pouvait retrancher sans risque environ moitié de cette semence.

Le bois de sapin ou de pin de la moyenne espèce , dont je parle ici , est d'un bon débit; il vient assez vîte , et au bout de quarante ans il est déjà propre à plusieurs ouvrages; à cinquante ans il a acquis sa parfaite maturité , et ne fait plus que dépérir ensuite. Il a l'avantage , lorsqu'il a été coupé, de repousser de la graine qui est tombée à terre , sans exiger le moindre soin. Les bestiaux ne font pas de tort à ce bois, excepté dans les premières années qu'il faut l'en garantir par des fossés. Les plus grands ennemis qu'il ait , sont les cerfs, ainsi que je l'ai expérimenté. Lorsque mes sapins n'avaient que 7 à 8 pieds de hauteur, ils venaient de cinq ou six lieues à la ronde s'y frotter dans le tems qu'ils mettaient bas leurs têtes ; ils en ont cassé ou écorcé, pendant plusieurs années , une quantité qui en sont morts. Ce dommage , auquel je ne m'attendais nullement , n'ayant jamais entendu parler de rien de semblable , n'a pas laissé d'être considérable , et l'aurait été davantage si ces sapins n'avaient été semés trop épais ; ils sont assez forts à présent pour n'avoir plus rien à craindre. Comme on ignorait ce goût particulier des cerfs, j'en avertis afin qu'on prenne des mesures pour les écarter dans le tems, et parer à cet inconvénient. L'on n'y est vraisemblablement exposé que dans les endroits où il ne se trouve que peu ou point de bois de sapin ; car, s'il y en avait beaucoup, le dégât partagé de différens côtés serait presque insensible.

Qu'on n'imagine pas que, parce qu'on ne verra pas de sapins dans un pays, il n'y est pas propre : dans le canton de l'Anjou où mes terres sont situées, il n'y en avait pas un seul, et cependant on voit qu'ils y ont prospéré. En ayant soin d'émonder ce bois, il croît encore plus vîte ; c'est celui qui réussit le mieux dans ces sortes de sables. Le châtaignier y vient aussi, mais pas si bien ; on en pourra semer quelques endroits. A l'égard du chêne, il n'y prospère pas, il y pousse lentement, y périt la plupart dans les années sèches, et celui qui en échappe se rabougrit presque toujours, de façon qu'il en arrive très-peu de bien. J'ai vu à la vérité dans quelques pays, et, entr'autres, dans la Flandre Autrichienne, sur-tout du côté d'Alost, le chêne réussir à merveille

dans

dans ces sables vifs, et de la même espèce dont il est question ici ; mais la couche de ces sables était fort peu épaisse, comme je le vérifiai en y faisant sonder. On trouvait, immédiatement dessous, une terre noire, grasse, humide, très-bonne et suffisamment profonde, où les racines du chêne pouvaient se nourrir et pousser aisément.

Quand on aura de cette sorte de terrein, on pourra hardiment y semer du chêne ; il viendra bien, ainsi que le châtaignier, partout où il se rencontrera, à peu de distance de la superficie, une profondeur convenable de bonne terre. Il sera facile de savoir à quoi s'en tenir sur cet article par le moyen de la sonde, qui fera connaître l'épaisseur du lit de sable, et la qualité du fond qui sera dessous, de quelqu'espèce qu'il se trouve. On pourra, pour n'être point trompé, prendre le parti, lorsqu'on y semera de la graine de sapin, d'y mettre en même tems du gland et de la châtaigne très-clairsemés, et assez éloignés les uns des autres. Le sapin ne les empêchera pas de croître : si l'un ne vient pas, l'autre pourra réussir ; et, de quelque façon qu'il arrive, on sera toujours certain, au pis-aller, d'avoir un bois de sapin.

Pour cet effet, il faut choisir du gland, non de chêne franc, propre à faire la meilleure écorce pour les tanneurs, mais d'une autre espèce de chêne, appellée en Anjou *brosse*, qui ne vient pas si haut ni si droit que le chêne franc, qui pousse ses feuilles beaucoup plus tard, qui a l'écorce bien plus rude, moins prisée par les tanneurs, et dont le bois est plus dur. Je crois que c'est celui nommé en latin par les anciens *robur*. Cette sorte de chêne n'est guère propre qu'à former de bons taillis qui viennent plus vîte que ceux de chêne franc, et se plaisent davantage dans le sable. J'ai semé, dans quelques endroits, de ces trois espèces de bois mélangés, et cela m'a réussi.

Culture de céréales et de plantes légumières dans les sables vifs.

Si l'on destine ce sable vif à porter toujours du blé, des légumes ou d'autres productions, soit parce qu'on manquera de terre, ou qu'on n'en aura pas de meilleure, soit parce qu'il sera voisin d'une ville, d'un bourg, d'un château ou d'une ferme, et par conséquent fort à la portée des engrais, soit enfin par d'autres

raisons particulières d'utilité ou d'agrément ,
sans lesquelles je ne conseille point de l'entreprendre ; dans ce cas-là , il faudra nécessaire-
ment l'améliorer à demeure.

Pour y parvenir , on fera des trous d'espace
en espace , à quelques pieds plus ou moins de
profondeur : on trouvera sûrement sous ce
sable un lit de terre grasse , soit argile , glaise ,
marne ou autre ; on tirera suffisamment de
cette terre grasse , et on la transportera avec
des brouettes ou civières , ou on la posera par
petits tas assez proches les uns des autres ,
étant nécessaire d'en mettre le double de ce
qu'on emploie ordinairement de marne dans
les champs cultivés. Il ne sera point besoin de
charrettes , de chevaux ni de bœufs pour ce
transport , après lequel on recomblera tous les
trous ; et comme , au moyen de cette terre
grasse qui en sera sortie , il s'y trouvera encore
des vides , on prendra , pour les remplir , de
la terre du voisinage , à six pouces en-dessous
de la superficie , qu'on n'oubliera pas de laisser
par-tout , comme plus fertile que celle qui n'a
jamais vu le jour.

J'observerai , à cette occasion , que , lorsqu'on fait un trou dans un bon fond , la terre
qu'on en a tirée s'enfle si fort à l'air au bout

2 *

de vingt-quatre heures, que le même trou ne peut plus la contenir. La raison en est toute simple : les pores de la bonne terre étant très-ouverts, l'air, la rosée et l'humidité y entrent promptement et en augmentent le volume ; au contraire, l'espèce de sable vif ou gravier dont je parle à présent, n'est pour ainsi dire pas de la terre, c'est un amas de petits cailloux qui ont les pores si serrés, que l'air et l'humidité n'y pénètrent que très-peu et difficilement ; de façon que lorsqu'on creuse dans cette sorte de terrein, qui est le moindre de tous, ce qu'on en tire suffit à peine pour recombler son trou. Une règle presque générale et infaillible pour juger du degré de bonté des fonds qu'on veut défricher, c'est d'éprouver de la manière ci-dessus, par différens trous égaux en profondeur et largeur, la terre qui s'enflera le plus à l'air au bout de quelques jours ; elle sera bonne en raison de ce qu'il en restera davantage après ces trous recomblés. La plus mauvaise sera celle qui ne fera qu'y suffire, ou même n'y suffira pas.

Je reviens aux petits tas d'argile ou d'autre terre grasse, espacés assez proche les uns des autres sur la superficie du terrein, de la façon que j'ai marqué ci-devant. Plus le sable sera maigre , aride et brûlant , et plus il aura fallu les multiplier. Cette opération , faite dans la morte-saison , ne se trouvera pas aussi coûteuse , à beaucoup près, qu'on pourrait l'imaginer , ces sortes de sables étant fort aisés à creuser et à remuer. On laissera ces tas tout l'hiver et une partie du printems sans y toucher , afin de les laisser profiter du bénéfice de l'air , de la rosée, de la neige, de la gelée et du soleil , après quoi ils se pulvériseront facilement comme de la cendre ; on les régalera sur le terrein , et on y donnera d'abord un labour très-léger, pour commencer à les mêler avec le sable ; quinze jours après , on en donnera un plus profond , et ainsi successivement jusqu'à ce que cette terre grasse et ce sable soient suffisamment mêlés. On se servira toujours pour ces labours , de même que pour tous ceux dont j'ai parlé jusqu'à présent, de charrues petites et légères ; ce sont celles qui conviennent le mieux dans cette espèce de sable ; il n'y est besoin que de très-faibles harnais , deux vaches ou deux ânes suffisent souvent. Cette facilité pour la culture procure une grande épargne.

On fumera ensuite ce terrein avec du fumier naturel ou artificiel, en même quantité qu'on en emploie ordinairement sur les autres terres, et l'on y semera du seigle dans la saison convenable pour le pays, dont je conseille de suivre la coutume sur cet article, à moins qu'on n'ait des preuves bien convaincantes qu'elle est mauvaise.

En Anjou le tems ordinaire de la semaille des gros blés, tant en seigle que froment, est depuis le commencement d'Octobre jusqu'à la Toussaint. L'expérience m'a fait connaître que cette pratique convenait à son climat.

La première récolte que l'on fera dans le défrichement sera bonne, et dédommagera, à peu de chose près, de tous les frais, même de ceux du transport des terres grasses. La seconde et la troisième, pour lesquelles il ne faudra plus aucun engrais ni fumier, se trouveront encore meilleures, et seront presque en pur profit ; car on semera en seigle, pendant trois années consécutives, ce défrichement ainsi amélioré ; il pourrait même l'être au point, par une plus grande quantité de terre grasse, de rapporter, la seconde ainsi que la troisième année, de bon froment, et d'être changé pour toujours en terre à froment.

J'ai transformé de cette façon chez moi, il y a vingt ans, un morceau de sable aride qui produisait à peine de la mousse. Je le semai seulement, la première année, en seigle ; au bout de trois ans je le laissai reposer une année, et le mis en sole avec mes autres terres labourables. On l'a, depuis, cultivé, fumé et semé à son tour, tant en gros qu'en menus grains, de la même manière qu'elles; et comme je n'ai point vu jusqu'à présent qu'il se soit encore affaibli, l'on sera sûrement content de cette méthode, que j'appelle un *améliorissement à demeure.*

Au pis-aller, si dans la suite ce terrein venait à diminuer de production, on y remédierait à peu de frais, pour très-long-tems, en y remettant, de la même façon, seulement la moitié de terre grasse qu'on y en avait répandu d'abord. Je ne prétends point au surplus exciter personne à s'engager dans la dépense de faire ainsi rapporter du froment à du sable aride : je ne cite cet exemple que pour démontrer la chose possible et utile. Je serai très-content, pour le bien de l'état, d'y voir recueillir du seigle, pour lequel il ne faudra que la quantité de terre grasse que j'ai marquée d'abord, chose qui, comme je l'ai dit, ne sera pas fort coûteuse. On aura lieu d'en être satisfait, par les profits qu'on y fera.

Le froment, à la vérité, vaut mieux que le seigle; mais celui-ci est un très-bon grain, il vient plus facilement et en plus grande quantité que l'autre ; il est moins sujet à accidens, se conserve beaucoup plus aisément et plus long-tems, et a mille propriétés avantageuses connues de tout le monde. Le pain en est fort sain ; plus de la moitié du royaume ne sème principalement que du seigle, et ne vit que de ce grain, que plusieurs mêlent avec d'autres ; les bonnes terres à seigle s'afferment presqu'aussi cher, et bien plus facilement que les bonnes terres à froment. J'ai observé d'ailleurs, par mes états de comparaison et de récolte de chaque année, depuis vingt-deux ans, que, quant à l'argent, les terres à seigle que je fais valoir m'ont presque autant rapporté que celles à froment, qui m'ont coûté davantage à cultiver. Je conviens que la paille de ce dernier grain fait une différence : elle est plus estimée et bien meilleure pour les chevaux que celle de seigle, qui n'est cependant point à mépriser, comme beaucoup de gens se l'imaginent, ne l'employant le plus souvent qu'à faire des litières. Outré qu'elle est bonne pour les bestiaux, en y mettant un peu de foin, l'expérience m'a fait connaître qu'elle était excellente pour la nourriture des bœufs de labourage, étant mêlée, moitié par moitié, avec autant de foin. Ils se portent infiniment mieux et sont plus vigoureux en mangeant de cette sorte de mélange , que quand on leur donne de celui fait avec une pareille quantité de paille de froment et de foin.

Il est fort intéressant de tirer le meilleur parti possible de toutes les productions de son terrein , même de celles dont on fait le moins de cas. Il n'y en a point qui ne puisse être utile , jusqu'à la paille de blé noir , que plusieurs abandonnent sur le terrein où l'on a battu ce grain. J'en ai fait sécher et ramasser : on l'a donnée dans le commencement de l'hiver aux vaches, qui l'ont très-bien mangée , tant qu'elle a duré; elles n'en ont pas été malades, n'ont point maigri , et ont eu du lait, pendant ce tems-là , comme à leur ordinaire.

L'on voit comment on peut tirer parti du sable vif et brûlant , qui ne pousse rien , ou ne produit que de la mousse et de la petite lande et bruyère clairsemée , entremêlée de quelques brins d'herbes. A l'égard des cantons de la même espèce de sable dans lesquels il croîtra davantage de productions sauvages, de la bruyère plus forte , plus rapprochée, et où l'on pourra lever des gazons de la façon qu'il sera expliqué ci-après , on fera écobuer ces endroits-là comme les fonds de la seconde espèce , dont je vais parler.

CHAPITRE III.

II. Défrichement et culture des terres médiocres.

Les terres médiocres comprennent celles qui sont légères, sablonneuses, graveleuses, mais qui ne se sont cependant pas propres, comme le sable vif, à faire du mortier lorsqu'on les mêle avec de la chaux. C'est de cette espèce de terre qu'il y a le plus en France. On en voit de blanches, de jaunâtres, de rougeâtres, de brunes et de noires; elles sont plus ou moins fertiles, suivant qu'une couche de terre grasse, argileuse ou glaiseuse, que l'on trouve communément dessous, est plus ou moins éloignée de la superficie; elles produisent ordinairement de la lande, de la bruyère noire ou blanche, des ajoncs grands ou petits, des fougères, des genêts, des ronces, quelques épines, et différentes autres sortes de productions sauvages, le tout entremêlé d'herbes. Selon que ces productions sont hautes, épaisses, fortes et vivaces, on juge aisément du degré de bonté du fonds et de ce qu'on en doit attendre. C'est une apparence qui ne m'a jamais trompé.

Quand on voudra défricher de cette espèce de terrein, on commencera, pendant l'hiver, par se délivrer des trois obstacles mentionnés ci-devant (*voyez pag.* 5 *et suiv.*), savoir, de l'eau, des pierres, et des grosses racines qui ne pourraient être coupées par l'écobue dont j'ai parlé, et dont la description se trouvera ci-après. Ensuite, vers le milieu du mois de Mars, et non auparavant, par la raison que je dirai, on se mettra à faire écobuer ce terrein, c'est-à-dire, à le faire peler. Pour cet effet, on prendra un nombre de journaliers proportionné à la grandeur de l'entreprise ; on les choisira les plus forts et les plus vigoureux qu'on pourra, pour que l'ouvrage aille plus vîte ; cependant tout journalier ordinaire, bon et même médiocre, peut travailler à cette besogne ; mais ceux qui sont trop faibles ou trop jeunes, c'est-à-dire au-dessous de quinze à seize ans, ne peuvent y être employés.

*Description et emploi de l'écobue. — Amas
et brûlis de gazons. Tems propice ou défavorable pour cette dernière opération.*

Chaque journalier destiné à ce travail sera
pourvu de l'outil en question, appellé en
Anjou, comme je l'ai dit d'abord, *écobue ;*
c'est une espèce de grande tranche recourbée,
de seize pouces de long et de huit pouces et
demi de large par en bas, d'où sa largeur va
toujours en-diminuant jusqu'auprès du manche, où elle se trouve réduite à trois pouces.
On choisit le meilleur fer pour sa fabrication.
Il est d'une épaisseur convenable pour sa grandeur, renforcé dans le milieu et coupant par
en bas ; à l'effet de quoi on met dans cet endroit suffisamment de bon acier. Le trou pour
passer le manche est rond, et a deux pouces
de diamètre en dedans. On fait ce manche de
bois, et on lui donne environ trois pieds de
longueur, quelques pouces plus ou moins,
selon la hauteur des hommes qui s'en servent.
Cet outil doit peser, non compris le manche,
dix à douze livres, suivant les forces ; plus
léger, il ne conviendrait pas. Ce sont les ma-
réchaux-taillandiers qui le font, sur le modèle
qu'on leur en présente. Il coûte chez moi et

dans les villes du voisinage 3 liv. 10 s. Je ne crois pas que, par-tout ailleurs, il doive valoir plus de 4 francs, excepté à Paris, où l'on pourra le payer jusqu'à cent sous. Si les journaliers dont on se servira sont si pauvres qu'ils n'aient pas le moyen d'en faire l'emplette, ainsi qu'il m'est arrivé, on prendra, comme j'ai fait, le parti de le leur avancer, et de leur en retenir après cela le prix sur leur ouvrage, à raison de 2 ou 3 s. par jour, jusqu'à concurrence.

On choisira ensuite parmi ces journaliers le meilleur travailleur et le plus entendu, pour mener la bande ; car ils ne peuvent pas travailler de front, comme à bêcher. Ce conducteur, tenant son écobue entre ses jambes, et étant courbé, pour s'en servir comme d'une tranche, en donnera d'abord, en coupant la terre, un premier coup à droite, ensuite un second devant lui, et définitivement un troisième sur sa gauche, par le moyen duquel il enlevera aussi-tôt un gazon d'environ un pied et demi de long, un pied de large, et de quatre pouces d'épaisseur. Il le posera d'un seul tems avec le même outil, sur sa droite, dans son sens naturel, c'est-à-dire, la terre en dessous. Toute l'herbe, la lande, la bruyère, les ajoncs, et autres productions sauvages , point trop grosses , qui se trouveront sur ce terrein, partiront avec ce gazon , auquel elles resteront attachées comme une espèce de . perruque : plus il y en aura, et mieux vaudra. Je viens de dire qu'il y fallait quatre pouces de terre ; cela est absolument nécessaire, parce que si on pelait le terrein moins épais , l'ouvrage serait manqué , attendu que l'écobue ne pénétrant pas jusque sous la croûte des racines de ces productions sauvages , qu'il est indispensable de détruire , elles repousseraient dans la suite, nuiraient au blé , et l'étoufferaient presque tout-à-fait , ainsi que la chose m'est arrivée dans le commencement de mes entreprises.

Les journaliers ne demanderaient pas mieux que de peler la terre plus légèrement ; ils ne fatigueraient pas autant, à beaucoup près ; et dans le cas où on leur marchanderait cette besogne , ils y feraient bien mieux leur compte , parce qu'elle avancerait fort vîte. On s'en trouverait fort mal ; j'en ai fait l'expérience à mes dépens. C'est pourquoi on doit avoir grande attention de veiller sur eux à ce sujet. Sans cela, outre l'inconvénient de ne point détruire les productions sauvages, on tomberait encore dans celui de n'avoir point assez de cendres pour bonifier suffisamment le terrein, ainsi qu'il sera expliqué ci-après. Si les gazons n'ont pas la longueur et la largeur que je demande, comme il arrivera souvent dans le commencement, jusqu'à ce que les gens soient au fait, il n'y aura pas le même danger. Il se trouvera seulement que l'ouvrage n'ira pas si promptement, et peu à peu les journaliers se perfectionneront. Leur conducteur ayant coupé un gazon, et l'ayant posé sur sa droite, de la façon que je l'ai indiqué, avancera un petit pas : il enlevera un autre gazon de semblable grandeur et épaisseur, qu'il posera aussi sur sa droite, en avant du premier. Il ira toujours ainsi tout droit devant lui, posant de même tous les gazons sur sa droite en ligne directe. Dès qu'il aura levé les deux premiers, le second journalier se placera un petit pas en arrière de lui, sur sa gauche ; et levant également des gazons, les posera de la même façon à sa droite, dans le terrein vide que ce conducteur a pelé. A mesure qu'on avancera, chaque journalier, un à un, se mettra de même sur la gauche des précédens, et fera une pareille opération. Ils se suivront tous ainsi en figure d'escalier, c'est-à-dire, comme des faucheurs. Lorsqu'ils arriveront au bout du terrein, où ils ne parviendront que successivement l'un après l'autre, c'est-à-dire, le conducteur le premier; ce même conducteur ira reprendre sa tâche à l'autre bout du terrein, à côté de l'endroit déjà pelé, et les autres iront le trouver à mesure pour le suivre, et continuer la même manœuvre; car il faut prendre cet ouvrage toujours du même sens, et non en allant et revenant. On en usera ainsi jusqu'à ce que tout le terrein qu'on se propose de défricher pour l'année, soit écobué ou pelé.

On ne peut travailler en France à cette opération que depuis le milieu de Mars jusqu'un peu avant la Saint-Jean-Baptiste, c'est-à-dire pendant trois mois. Ce n'est point, heureusement, la saison des grandes occupations de la campagne; ainsi on ne dérange personne. Plutôt, il ne ferait pas bon écobuer, comme je l'ai remarqué ci-devant, à cause que les gazons reprendraient (1); plus tard, l'opération ne conviendrait pas non plus, parce qu'ils courraient risque de ne pas sécher. Ces trois

---

(1) En Suisse, en Flandre et ailleurs, on renverse les gazons immédiatement après qu'ils ont été coupés, et par là on évite l'inconvénient de la repousse des gazons. (*Note de la Société économique de Berne.*)

mois

mois , pendant lesquels le soleil achève de monter, sont le tems où la terre est le moins humide, en proportion que cet astre s'élève. Quelques jours après la Saint-Jean, dès que le soleil commence à descendre, elle rend une humidité qui va toujours en croissant à mesure qu'il baisse , et qui devient à la fin si considérable , qu'elle retarde beaucoup les gazons de sécher, et souvent même les en empêche.

Je n'examinerai point si cette humidité est occasionnée par une sueur que la terre pousse d'elle-même , ou si elle provient de l'air et des vapeurs qui s'y mêlent : quelle qu'en soit la cause, le fait est certain, et c'est le plus important à savoir, étant essentiel pour le dé-frichement que les gazons sèchent bien. Pour cet effet, on les laisse dans la position mar-quée ci-devant. Quand la saison n'est point trop humide, ils se trouvent ordinairement assez secs au bout d'environ trois semaines , sans qu'il ait été nécessaire de les remuer ; mais dans les années pluvieuses, ils sont plus de tems à sécher ; on est même souvent obligé de les tourner et retourner plusieurs fois , de crainte qu'ils ne reprennent et ne repoussent, ce qui les empêcherait de brûler, comme je l'ai vu arriver. On fait faire le retournement de ces gazons à peu de frais par des femmes et des enfans.

L'on voit par ce détail que , dans les années pluvieuses, cette manière de défricher la terre devient plus longue , plus difficile et plus coûteuse , sans que ces frais d'augmentation soient considérables. Aux environs de la Saint-Jean , quelques jours avant plutôt qu'après , lorsque les gazons seront assez secs, on prendra par un beau tems , et non pendant la pluie, un nombre suffisant de femmes et d'enfans , dont les uns avec des fourches de fer , et les autres simplement avec leurs mains , ramasseront tous ces gazons , et en formeront sur le terrein , d'espace en espace , des tas ronds d'environ dix pieds de haut et autant de large par en bas , de la même forme à-peu-près que les fourneaux des charbonniers. On y placera toujours les gazons l'herbe et la bruyère en dessous , et la terre en dessus. On y laissera un peu de vide en dedans , où l'on formera une espèce de petite cheminée , dont on placera l'ouverture du côté par lequel viendra le vent. J'ai dit qu'il ne fallait point se mettre à cet ouvrage par un tems pluvieux , parce que si les tas venaient malheureusement à se mouiller au point de s'imbiber d'eau , ils ne pourraient plus brûler ; l'on serait obligé de les défaire , et de régaler sur le terrein les ga-zons , pour y sécher dans la même position qu'ils étaient auparavant. On courrait encore le risque d'être contraint de les tourner et retourner plusieurs fois , comme la chose m'est arrivée , ce qui retarderait l'opération et augmenterait la dépense. Peut-être même, si les pluies devenaient trop fréquentes , ne pourrait-on pas venir à bout de les faire sé-cher suffisamment avant l'arrière-saison , ce qui occasionnerait une grande perte.

Ce dernier accident , quoique possible , est cependant fort rare ; je ne l'ai jamais essuyé ; et m'étant informé de quelques personnes auxquelles il est arrivé , j'ai reconnu qu'il y avait eu beaucoup de négligence de leur part. Pour éviter ces inconvéniens , le meilleur moyen est de profiter diligemment du premier beau tems , et , s'il ne paraît pas bien assuré, de mettre davantage de monde , sans chercher à épargner mal à propos , attendu que c'est de cette opération momentanée , de l'entasse-ment et du brûlis des gazons , que dépend principalement le succès du défrichement. Elle ne peut être faite trop promptement. Quand on appréhende de la pluie , il faut tout quitter pour cela , et tous doivent dans ce cas-là s'y employer , non-seulement les femmes et les enfans , mais même les hommes; rien ne presse davantage. Aussi-tôt que les tas seront faits , dès l'instant, ou si le tems est assuré , le soir avant de se retirer , on y fera mettre le feu par des enfans, qui porteront au bout d'une fourche de fer un peu de paille ou de bruyère enflammée , avec laquelle ils l'allumeront dans les trous des cheminées de ces tas. Il y prendra bien vîte au moyen de l'herbe , de la bruyère et des racines sèches. En peu d'instans le feu deviendra si violent , qu'on ne pourra presque plus en approcher. L'on se retirera alors , après avoir pris les précautions convenables pour que cet incendie ne gagne pas ailleurs , si c'est dans le voisinage de quelques bois , bruyère , haie , ou de tout autre endroit où il puisse faire tort.

On laissera brûler ces fourneaux jusqu'au lendemain matin. L'incendie ne sera plus alors si violent , et l'on pourra en approcher. On y enverra quelques journaliers , femmes ou enfans , en petit nombre , avec des fourches de fer , pour les attiser , c'est-à-dire , pour remettre dessus les gazons qui seront tombés à droite ou à gauche dans les intervalles pendant la première ardeur de l'incendie. Le feu durera encore quelques jours dans ces fourneaux , dont les gazons se consumeront ou se calcineront insensiblement. S'il y en a quelques-uns situés dans des lieux trop humides , et qui ne veuillent pas brûler , ces femmes et enfans les raccommoderont , et y mettront de la bruyère sèche , du chaume , ou même un peu de bois sec , avec des gazons enflammés du voisinage, pour les faire brûler comme les autres. Dès que le feu sera éteint dans tous les fourneaux , à la place desquels il se trouvera des monceaux de cendres plus ou moins gros, en proportion de la bonté du terrein , on enverra encore quelques femmes et enfans qui , avec des pelles de bois, amonceleront , en rond pointu par le haut , ces cendres, de peur qu'elles ne s'éventent, si on les laissait éparses. C'est dans l'intérieur de ces monceaux qu'est renfermé tout notre trésor : s'ils prenaient l'air , la plus grande partie des sels que contiennent les cendres qui font notre richesse, s'évaporerait. L'humidité des nuits, et la première pluie qui tombe ensuite sur ces monceaux de cendres , y forme sur la superficie une croûte qui les empêche d'être emportées par le vent , les rend impénétrables aux impressions de l'air , et empêche la dissipation des esprits de l'intérieur.

C'est pourquoi, plutôt il survient de la pluie après cette opération , et mieux elle vaut. S'il en arrivait après que les fourneaux seront bien allumés , cela ne les empêcherait pas de brûler , à moins qu'elle ne fût d'une violence, d'une quantité et d'une durée extraordinaires, ce qui arrive très-rarement dans cette saison (1).

J'observerai d'ailleurs , à cette occasion , que , quand le défrichement est d'une étendue un peu considérable , et le feu par conséquent assez grand et assez vif, il sépare le plus souvent les nuages , à moins qu'ils ne soient trop épais , et éclaircit ordinairement le tems , semblable au canon dans les sièges , qui , pendant cette saison , produit souvent le même effet. Les cendres étant ainsi amoncelées , il n'y a plus rien à faire sur ce terrein jusqu'à ce qu'on le sème. On aura seulement l'œil à ce que ni hommes ni bestiaux ne touchent à ces monceaux et n'en rompent la

---

(1) Les laboureurs Suisses sont charmés lorsqu'une pluie pas trop violente tempère le feu de leurs fourneaux. La calcination s'en opère plus lentement , et les cendres en profitent en qualité et en quantité. (*Note de la Société économique de Berne.*)

croûte. Le fonds sera désormais délivré généralement de toutes semences, plantes et productions sauvages, ainsi que de tous vermisseaux, insectes, reptiles et bêtes venimeuses, l'action du feu des fourneaux étant si forte, qu'elle chauffe non-seulement la terre qui est dessous à plusieurs pouces d'épaisseur, mais encore celle qui est entre ces fourneaux.

Manière de semer sur ce défrichement.

Quinze jours après que l'on aura semé dans le pays les gros blés, il sera tems d'ensemencer le défrichement. S'il est situé en Anjou, où les semailles se font ordinairement en Octobre, ainsi que je l'ai dit, on se mettra à le semer quelques jours après la Toussaint. Pour cet effet on enverra alors, par un tems calme, et non venteux, quelques femmes et enfans, lesquels, avec des pelles de bois, régaleront la cendre sur le terrein également, excepté qu'ils n'en laisseront point du tout dans les places où étaient les monceaux, qui, étant recuites, n'en ont pas besoin, puisque ce sera toujours là que viendra le meilleur blé. Une partie de ces femmes et enfans apporteront aussi des fourches de fer, pour briser et régaler les gazons non consommés, qui pourront se trouver sur les fourneaux, mais qui seront toujours bons, étant cuits ou calcinés par l'action du feu.

Un semeur entendu viendra ensuite, qui semera sur cette cendre régalée le blé, soit seigle ou froment, à demi-semence, c'est-à-dire, qu'il n'en mettra qu'environ moitié de ce qu'on emploie ordinairement dans le pays pour une semblable étendue de terrein. Le laboureur, avec son harnais, soit de bœufs ou de chevaux, suivra le semeur; et, avec une charrue à deux oreilles, plus forte que celles dont j'ai parlé pour les sables vifs, mais qu'il n'enfoncera point trop dans la terre pour la première année, il tracera, en allant et revenant, des sillons légers pour enterrer la semence. Des femmes et des enfans, avec des tranches et des fourches de fer, émotteront ensuite attentivement ces sillons, acheveront d'en briser tout le gazon, et finiront de les fermer par le haut, chose que la charrue, dans ce premier tour, ne peut faire avec l'exactitude nécessaire. Si l'on a plusieurs charrues, il faudra augmenter en proportion les femmes et les enfans, et mettre un semeur devant chacune, comme je le pratique chez moi.

Ces sortes de défrichemens étant très-difficiles à semer ainsi à demi-semence, les plus habiles s'y trompent ; et lorsque j'ai voulu n'y employer qu'un seul semeur pour plusieurs charrues, je m'en suis très-mal trouvé. Un homme qui marchera devant chacune, semera bien plus également; d'ailleurs, son tems ne sera jamais perdu : lorsqu'il aura des momens de loisir, il émottera avec les femmes et les enfans. Un laboureur doit toujours aller lentement et avec précaution cette première fois dans le défrichement, sur-tout s'il ne paraît pas que le fond ait jamais été remué anciennement. Dans le cas où il rencontrerait dans la terre des pierres ou des racines qui arrêteraient sa charrue, et qui n'auraient pas encore été découvertes malgré la recherche faite d'abord à ce sujet, les mêmes hommes, femmes et enfans les arracheront à coups de tranche ou de pioche, et les jetteront hors du champ.

L'on aura soin de ne faire régaler, chaque jour, des monceaux de cendres, que dans le terrein que pourra semer chaque charrue pendant le même jour et la demi-journée du lendemain, afin de ne pas laisser éventer mal à propos ces cendres. Si cependant il survenait de la pluie, ou que le lendemain fût une fête,

il ne faudrait pas répandre des cendres ainsi
d'avance ; mais quand le ,tems sera convenable , et qu'il n'y aura point de fête, on le
fera , parce que j'ai éprouvé que , dans cette
saison déjà avancée , il fait très-souvent le
matin de petites gelées , assez fortes cependant pour condenser les cendres et les gazons
non-consommés, au point qu'on ne peut plus
les régaler qu'après que le soleil a passé dessus et les a dégelés , de façon que sans cette
précaution on ne pourrait alors semer le matin.

La plupart des opérations de l'agriculture
sont assujetties aux tems et aux saisons, qu'il
faut savoir en quelque sorte prévoir. On ne
courrait point risque de tomber dans l'inconvénient des gelées, si l'on semait plutôt ; j'en
ai essayé : mais alors le blé vient trop vîte, il
épie trop, il gèle, il n'a que de la paille , et
point de grain. La façon marquée ci-dessus
est la meilleure et la seule qui soit sûre, ainsi
qu'une épreuve constante de nombre d'années m'en a convaincu.

Moyens pour égoutter les terres. Résultats avantageux de l'emploi des cendres du brûlis. Différens états et qualités des cendres, reconnus par leur couleur.

Quand on aura terminé la semaille sur le défrichement, on y tracera, suivant les pentes, avec la même charrue, des rigoles traversant directement ou de biais, selon la nécessité, tous les sillons, et tombant dans les fossés de clôture, aux endroits les plus bas du terrein, pour en tirer l'eau, sur-tout en hiver. Quelques-uns des hommes dont on se sera servi pour émotter, acheveront de creuser suffisamment ces rigoles, et de couper tous les sillons aux endroits où ils y aboutissent, avec l'outil appellé en Anjou *pic*, et dans le Maine *croc*, qui est une espèce de houe à deux dents de fer plates, longues d'environ quinze à dix-huit pouces chacune, et emmanché comme l'écobue ou la tranche. Cet instrument est utile, l'on ne peut s'en passer en différentes occasions ; nul outil ne remue mieux la terre. Il servira encore à labourer quelques places des fourneaux, dans lesquelles la charrue n'aura pas suffisamment mordu, et à faire les bouts des sillons dans les tournailles où elle ne peut aller, et où le grain découvert demeurerait exposé en pure perte à l'air et aux oiseaux. Quoique la vivavacité des esprits et la chaleur des sels renfermés dans les cendres, le fassent bientôt avancer plus que les autres ; comme il ne s'y trouve point d'herbe ni aucune plante sauvage, toute la semence en ayant été détruite par l'action du feu, ainsi que je l'ai expliqué, il paraît d'abord clair pendant une partie de l'hiver ; mais, à l'approche de la belle saison, il s'épaissit, s'étend ensuite et pousse des sepées, de façon qu'à la fin il devient souvent trop épais. Il est toujours mûr environ quinze jours avant les autres blés du canton. J'ai dit que le meilleur se trouverait dans les places où étaient les fourneaux, l'action du feu s'y étant rencontrée plus forte, et ayant pénétré plus avant.

Je remarquerai à ce sujet que les cendres formant toute notre richesse, ainsi que je l'ai marqué, plus on en aura, et plus le défrichement sera fertile. Mais toutes les espèces de terreins n'en rendent pas également après le brûlis. Avec quelque soin qu'il soit fait, quantité d'épreuves reitérées depuis long-tems , m'ont appris qu'une partie des terres et des pierres , selon leur qualité , se réduit en chaux ou se calcine par l'opération du feu , et que l'autre partie se vitrifie. Les terres qui se calcinent sont sans contredit les meilleures et qui rapportent le plus de cendres ; celles qui se vitrifient sont les moindres et qui produisent le moins de cendres. De cette espèce est le sable ; l'on peut juger à coup sûr d'un terrein qu'on veut défricher , en y pratiquant d'abord cette épreuve en différens endroits. Si l'on ne peut y aller , l'on en fera rapporter chez soi quelques gazons , de quatre à cinq pouces de terre , qu'on fera sécher et brûler ensuite. On pourra aussi faire venir , dans des cornets de papier numérotés , des échantillons de la terre ou des pierres de dessous de six pouces en six pouces , jusqu'à environ huit à dix pieds de profondeur. On prendra aisément ces échantillons sans frais avec la sonde dont j'ai fait mention.

Si l'on n'a pas de sonde , on fera creuser des trous qui ne coûteront pas beaucoup ; sur cela on sera en état de statuer à quelle espèce de grain , de bois , ou d'autres productions , chaque fonds se trouvera le plus propre. Je me suis servi plusieurs fois utilement de ce moyen pour des entreprises éloignées que je ne pouvais visiter d'abord par moi-même ; mais, comme il faut une grande étude et une longue pratique pour juger ainsi des fonds sans les voir, le plus sûr pour tout le monde est d'en faire l'inspection soi-même et les épreuves sur le terrein. Les fourneaux les plus brûlés ou qui brûlent trop vîte, ne sont pas les meilleurs ; cela consomme trop les cendres et en diminue le volume.

J'ai souvent vu que, dans des endroits où les gazons du dessus des tas avaient brûlé lentement, restaient presque entiers et n'étaient que simplement calcinés, au point qu'il fallait les briser pour semer, il y venait de bien meilleur blé que dans ceux où les fourneaux, après avoir brûlé entièrement, étaient totalement convertis en monceaux de cendres. En général, les monceaux où les cendres sont blanches après le brûlis sont d'une moindre valeur, et ordinairement d'une moindre grosseur. Cela dénote plus de vitrification que de calcination. A mesure que les cendres sont jaunâtres, brunes ou noirâtres, qui est le degré de leur perfection, elles sont meilleures, et les monceaux communément plus gros. Selon ces différentes nuances de couleur, elles tiennent plus de la calcination que de la vitrification. Je me suis étendu sur ces différentes opérations du feu, parce qu'elles sont fort intéressantes pour les défrichemens, et que personne ne les a jusqu'ici suffisamment détaillées, faute de l'expérience nécessaire.

Tems que l'on doit laisser écouler d'un brûlis à un autre sur le même terrein. Détails généraux et particuliers sur la manière de labourer et semer dans les défrichemens. Procédé économique pour épierrer le terrein. Diverses méthodes d'employer les cendres, etc.

On ne doit point faire écobuer les cantons de landes ou bruyères où le feu a passé depuis peu, parce que les gazons dépourvus de leur chevelure né brûleraient pas, comme je l'ai éprouvé. Il faut attendre que cette lande et bruyère soit repoussée suffisamment, ce qui n'arrive ordinairement qu'au bout d'environ deux ans. Ainsi la dangereuse coutume qu'ont les pâtres, dans la plupart des endroits, de mettre communément le feu dans les landes et bruyères au printems, sous prétexte de faire venir de l'herbe pour leurs bestiaux, est fort contraire à cette manière de défricher, qu'elle retarde et empêche même quelquefois tout-à-fait, lorsque ces incendies sont trop fréquens. Ce n'est pas là le seul mauvais effet de ce pernicieux usage des pâtres, qui devrait être aboli depuis long-tems; il en produit souvent de bien plus fâcheux : l'on prendra les mesures convenables pour en préserver son terrein.

Dans les provinces et pays où il n'y a pas de sillons, et où on laboure en planches ou tout-à-fait à plat (1), pour semer ensuite avec

_____

(1) La Société économique de Berne ayant invité l'auteur à lui donner quelques détails plus développés sur la charrue à deux oreilles et sur la manière de semer en planches et en sillons, en reçut la réponse suivante, que nous donnons en entier, avec les renvois aux fig. 7 et 8 qui ne se trouvent pas dans les éditions publiées par de Turbilly lui-même.

« Je viens à la charrue à deux oreilles dont on se sert dans mon pays, c'est-à-dire en Anjou, ainsi qu'en plusieurs autres provinces de ce royaume, où l'on laboure les terres en sillons; car dans les pays où on laboure à plat ou en planches, elle n'est pas d'usage, n'étant pas nécessaire. C'est par cette raison qu'on n'en voit pas en Suisse. Cette charrue plus ou moins grande et plus ou moins large en divers endroits, selon la profondeur et la force des terres, est

la

la herse , je conseille cependant , la première année, de semer le défrichement en sillons ,

---

bien simple : elle est armée d'un soc de fer à deux oreilles , représenté fig. 7 de la planche. Ce soc a la pointe plus ou moins longue , et est plus ou moins large et fort , selon la proportion ci-devant marquée desdites terres ; il est quelquefois accompagné d'un coutre également en fer , d'autres fois on n'en met point , selon les mêmes proportions des terres , mais on y place ordinairement une bande plate de fer pour le retenir , laquelle bande s'appelle en Anjou *coutriau* , et se termine d'un bout en crochet qui entre dans un trou situé vers le milieu du soc ; de l'autre bout cette bande est percée de plusieurs trous, et passe au travers de la perche de la charrue , également percée pour cet usage , et on la retient dans ladite perche , avec un clou passé dans l'un de ses trous , ou bien avec des coins de bois faciles à ôter. Cette charrue , faite pour renverser la terre des deux côtés , a deux épaules de bois faites exprès par des charrous , en forme de planches , envoilées des deux côtés en dehors par le haut , pour mieux renverser la terre. Ces planches ou épaules sont plus ou moins épaisses, plus ou moins longues et plus ou moins hautes , selon la force de la charrue , suivant les proportions relatives au terrein. Au reste , le manche de cette charrue et sa perche , qui porte sur l'essieu de fer de ses roues , emboîté dans du bois , sont comme aux autres charrues , et selon les mêmes proportions ci-dessus. Cette perche est posee sur des encochures , ou entre de grosses chevilles de bois mises sur l'emboî-

avec une charrue à deux oreilles , de la façon
ci-devant indiquée , sauf à se conformer dans

---

tement dudit essieu , afin de la pouvoir faire aller
plus à droite ou à gauche selon la nécessité ; elle est
retenue avec l'avant-train par un grand anneau de
fer dans lequel elle passe , et qui est au bout d'une
grosse chaîne de fer, courte, qui s'attache à cet
avant-train ; ladite perche a plusieurs trous dans lesquels on passe une grosse cheville de fer , appellée
jauge , pour l'assujettir avec l'anneau , et lui donner
à volonté plus ou moins de jeu et d'aisance.

Je vous observerai ici que la charrue à une oreille,
nommée *versoir ,* dont on se sert en Anjou et dans
les provinces voisines, est équipée de la même façon
que celle que je viens de décrire , à la différence
seulement que son soc n'a qu'une oreille du côté
droit , et une épaule du même côté.

Pour labourer en sillons , on ouvre communément
en Anjou les terres avec ce versoir au mois de Mars ,
en passant deux fois dans chaque sillon , c'est-à-dire
une fois de chaque côté ; vers le milieu ou la fin du
printems , on donne un second labour avec la même
charrue , et ensuite successivement un ou deux autres , dont l'un en traversant, pendant les chaleurs
de l'été , s'il se trouve beaucoup d'herbes dans la
terre ; mais si cette terre est en bon état, la plupart
des colons n'y donnent que les deux premiers labours.
Dans ce cas-là ils n'ouvrent leur terre que vers le
milieu du printems, et ne donnent leur second labour
qu'environ le milieu de l'été ; entre tous ces labours
ils ne manquent pas de passer la herse sur les terres.

la suite à l'usage des lieux. Je donne cet avis pour le mieux ; on se trouvera bien de le sui-

---

Le tems de la semaille, qui en Anjou se fait pendant le mois d'Octobre, étant arrivé, ils passent encore la herse, pour la dernière fois, répandent sur leurs champs les fumiers qu'ils y avaient voiturés peu auparavant, lesquels étaient déposés en divers petits tas ; ils sèment ensuite du blé, soit froment ou seigle, sur cette terre couverte de fumier.

Alors ils se servent de la charrue à deux oreilles, décrite ci-devant, pour enterrer cette semence et former de nouveau les sillons dont j'ai parlé, qui avaient été partagés en deux par le versoir ; de cette façon la terre est bien remuée. Quelques femmes et enfans viennent ensuite, lesquels, avec des tranches et des râteaux, brisent les mottes qui peuvent encore se trouver ; et achèvent de fermer exactement le haut des sillons, afin qu'aucune semence ne reste à découvert, exposée aux ravages des oiseaux. Des bêcheurs forment encore des rigoles avec le pic ou la bêche dans les endroits où il en est besoin, après qu'elles ont été tracées par la même charrue, et coupent les sillons dans les bouts où ils joignent ces rigoles, pour faciliter l'écoulement des eaux pendant l'hiver.

Voilà la façon de labourer les terres en sillons suivant l'usage de mon pays, où presque tous les labours se font avec des bœufs, étant très-rare qu'on y emploie des chevaux, dont on peut cependant se servir également pour cette pratique, ainsi que je l'ai expérimenté par moi-même.

4 *

vre : on épargnera la plus grande partie des frais du labourage , les cendres s'évaporeront

---

Voici la façon de labourer les terres en planches ; ces planches sont plus ou moins larges suivant l'usage des différentes provinces où cette méthode , inconnue en Anjou , est suivie. Dans des endroits elles ont environ dix pieds de large , et dans d'autres plus ou moins. Leur longueur est ordinairement celle du champ où elles se trouvent situées, à moins qu'il ne soit trop vaste. En général , pour former ces planches, on se sert uniquement du versoir ou charrue à une oreille : on commence à les labourer par le milieu, en tournant toujours à droite au bout de la première raie qu'on a faite , qui se trouve conséquemment toujours aussi dans le milieu, comme l'indique la fig. 8 de la planche. Cette figure ne sert que pour mieux démontrer cette façon de tourner ; car quand le laboureur arrive au bout de la planche , il enlève sa charrue pendant qu'il tourne , et ne la remet en terre qu'après avoir tourné et être arrivé sur l'endroit où il doit former une nouvelle raie. Quelquefois ces planches sont plus élevées dans le milieu , ce qui se fait en enfonçant diversement , et non également la charrue , dont on change de trou la grosse cheville de fer appellée *jauge*, qui passe dans la perche , ainsi que je l'ai expliqué plus haut en donnant la description de la charrue à deux oreilles.

Quand le laboureur en question a fini sa planche, il va commencer celle qu'il veut former à côté, dans le milieu , et la fait de la même manière. Il en agit moins , et elles conserveront davantage leur qualité. Si, malgré ces raisons , on veut abso-

---

ainsi successivement , et de cette façon il se trouve une rigole entre chacune des planches.

On donne de la même manière plusieurs tours de charrue successivement à ces planches , et l'on a soin d'y passer aussi la herse entre ces tours de charrue ; l'on y voiture , répand et enterre le fumier par un labour avant de semer; lors de la dernière semaille , plusieurs enterrent le grain par un dernier tour de charrue , et hersent ensuite légèrement le même terrein , pour l'émotter ; d'autres , pour enterrer le blé , ne se servent que de la herse , qu'ils chargent convenablement , si elle n'est point assez lourde , et ont soin que ses dents soient d'une longueur convenable. Tous ont l'attention de faire passer la herse d'un bout à l'autre des planches , en allant et revenant , et non en travers , pour ne pas combler les rigoles qui les séparent , et qui doivent servir d'écoulement aux eaux de pluie , de neige , etc. Pour achever de se délivrer de ces eaux , on est quelquefois obligé de faire , immédiatement après que l'on a enterré la semence , d'autres rigoles qui traversent ces planches suivant les pentes du terrein : on trace ces dernières rigoles avec la même charrue , en allant et revenant d'un bout à l'autre ; on les finit avec le pic ou la bêche , en observant de couper la terre dans les endroits où les premières rigoles situées entre chaque planche les joignent , afin que les eaux ne soient retenues nulle part.

Vous me mandez que dans la Suisse , malgré les

lument suivre, dès cette première année, la pratique de ces provinces et pays ; dans ce

differentes espèces de terres qui se rencontrent souvent dans un même champ, principalement dans les montagnes, tous les labours se font généralement à plat. Cela me surprend, et m'étonnerait bien davantage, si je ne connaissais pas beaucoup d'autres pays qui suivent aveuglément et obstinément de vieilles pratiques uniformes, quoiqu'ils reconnaissent quelquefois en eux-mêmes que ces pratiques uniformes ne sauraient être bonnes dans tous les fonds, dont la diversité demande des changemens qui leur conviennent. Les habitans de ces pays agissent aussi peu conséquemment qu'un cuisinier qui, ayant un grand repas à apprêter, ne ferait qu'une sauce pour tous les ragoûts. J'ai voyagé autrefois dans votre canton ; et si jamais je m'en trouvais à portée, j'y retournerais avec grand plaisir, pour avoir l'honneur de rendre mes devoirs aux dignes membres de notre société ; j'ai voyagé, dis-je, dans votre pays, et je ne pense pas que la façon de labourer à plat soit convenable pour toutes vos terres ; quoique je la croie bonne pour une grande partie, il s'en trouvera cependant beaucoup, à ce que je présume, qu'il serait à propos de mettre, les unes en planches, les autres en sillons. La société rendra un grand service à la Suisse, en recherchant les moyens d'adapter à chacune des espèces de terres la culture la plus propre. Je conviens que cette recherche sera longue et pénible ; mais, pour la faciliter, il faut d'abord convenir des principes qui doivent servir de règle à ce sujet. J'en cas-là, aux environs de la Saint-Jean, aussi-tôt que les fourneaux seront refroidis, l'on commencera d'en faire régaler les cendres de la façon que j'ai déjà expliquée, sans en lais-ser dans les places où étaient les monceaux. Immédiatement après, on donnera au ter-rein, avec les précautions ci-devant marquées pour les sillons, un tour de charrue fort léger pour enterrer les cendres. On n'en fera réga-ler, chaque jour, qu'autant que chaque char-rue en pourra recouvrir pendant la même journée. Quelques jours après ce premier tour de charrue, on en donnera un second plus profond, du même sens, et l'on conti-nuera ainsi successivement, en mordant plus avant dans la terre jusqu'à la profondeur con-venable, d'en donner deux autres de l'autre sens, c'est-à-dire en traversant les premiers; après quoi, par un cinquième labour, on re-mettra les rayons ainsi qu'ils étaient d'abord. Entre ces cinq tours on hersera plusieurs fois,

---

ai marqué plusieurs dans mon ouvrage, peut-être y en a-t-il encore d'autres; en tout cas il est toujours indispensable de se pourvoir d'abord de sondes, pour connaître, à peu de frais, les différentes couches de l'intérieur de la terre, par les raisons déduites dans le même ouvrage ».

avec des herses d'une pesanteur proportionnée à la force de la terre ; et s'il se trouve de grosses mottes que la herse n'ait pu casser, on les fera briser avec des tranches par des femmes et des enfans, étant nécessaire de pulvériser la terre le plus qu'il sera possible, parce que, cette première année, on ne saurait en venir parfaitement à bout.

Les mêmes femmes et enfans épierreront aussi à mesure le terrein, s'il en est besoin. Chaque labour faisant sortir successivement les pierres sur la superficie, on leur fera seulement ôter, ainsi que je l'ai dit, celles plus grosses que le poing. Chaque femme et enfant sera pourvu, à cet effet, d'un panier proportionné à sa force ; les plus faibles mettront les pierres dans les paniers, et les plus forts iront les vider sur les tas qu'on en formera d'espace en espace ; une ou plusieurs charrettes viendront ensuite chercher ces pierres pour les voiturer où l'on en aura besoin ; et si l'on n'en a point affaire, on les mettra dans des trous qu'on fera sur le terrein même, et qu'on recouvrira de terre suffisamment pour le passage libre de la charrue, comme je l'ai expliqué ci-devant. S'il se trouvait des pierres trop grosses pour que les femmes et enfans

pussent les porter, les charretiers les pren-
draient eux-mêmes en passant ; et dans le cas
où il s'en rencontrerait sous terre de si énor-
mes que les hommes ne pussent les remuer
ou les charger, alors on les leur ferait briser
avec des massues et autres outils de fer nécessaires, ou même éclater avec de la poudre
à canon, si c'étaient de très-grosses roches,
rien ne devant arrêter dans le cours de cette
entreprise. La même chose aura lieu pour
les terres semées en sillons, dont j'ai parlé
ci-devant.

Le tems de semer le défrichement, cette
première année, sera toujours, par les raisons que j'ai déduites, quinze jours après
celui où l'on sème ordinairement dans le pays
les blés de la même espèce. Quelques jours
auparavant on y donnera encore un tour de
charrue ; après quoi, par un tems convenable, on semera le blé, froment ou seigle,
à demi-semence, ainsi que je l'ai dit plus
haut, et l'on enterrera ensuite ce grain, soit
avec la charrue, s'il en est besoin, soit avec
la herse. L'on tracera aussi-tôt sur ce terrein,
dans les endroits où il sera nécessaire, des rigoles de la façon que j'ai marquée, pour en
tirer l'eau pendant l'hiver, et on les perfec-

tionnera. S'il reste quelques mottes trop grosses dans le champ, on les fera briser par les mêmes femmes et enfans. Ce défrichement étant ainsi semé, il n'y aura plus rien à faire jusqu'à la récolte.

Après avoir expliqué les différentes façons de semer avec des harnais les défrichemens, il est nécessaire que je parle des terres qu'il faut semer toujours en sillons, et de celles qu'il est plus à propos de mettre en planches, ou de semer tout à plat avec la herse.

Cette discussion préliminaire aurait dû être placée plutôt; je ne l'ai point encore agitée pour ne pas interrompre le fil des différentes opérations de ces défrichemens.

Certainement, si toutes choses étaient égales, je préférerais aux sillons la façon de semer les terres en planches tout-à-fait à plat avec la herse. Les semailles avec la herse ont deux avantages : le premier est d'y gagner un tour de charrue ; mais le second est bien plus essentiel. Cette opération intéressante exige un tems fait exprès ; la pluie et le vent y sont presque également contraires, un grand calme et du brouillard point trop épais conviennent le mieux. La terre ne doit être ni trop sèche ni trop mouillée. Quand on sème dans ces heureux instans, le blé germe et lève presque tout de suite, ainsi que je l'ai souvent éprouvé. La herse met à portée de profiter de ces momens précieux. Chaque paire de bœufs ou chaque cheval en conduit alors une, qui recouvre tant de grain, que les semailles peuvent se faire quelquefois dans un seul jour favorable, si le domaine n'est pas bien grand.

Les semailles qu'il faut faire nécessaire- ment avec la charrue dans les terres que l'on met en sillons, sont bien plus longues; elles durent souvent deux semaines dans les do- maines d'une certaine étendue, parce que la charrue demande plus de bœufs ou de che- vaux que la herse, ne va pas si vîte, et ne recouvre pas à beaucoup près autant de grain; l'on ne peut profiter aussi aisément du tems convenable, à moins qu'il ne soit assez long; tel est l'inconvénient des sillons. Ce n'est pas cependant cela qui doit décider, non plus que la qualité de la superficie de la terre grasse ou maigre, sablonneuse ou forte; c'est le fonds qu'il faut faire sonder en différens en- droits, à quinze ou vingt pieds de profondeur, soit par des trous, soit, avec moins de frais, avec la sonde dont j'ai parlé.

Il y a des terres qui demandent d'être mises
en sillons , et d'autres en planches , ou tout-
à-fait à plat. Toutes celles où l'on trouve, à
quelques pieds de profondeur, un lit d'argile,
de glaise ou d'autre terre grasse et compacte,
qui garde l'eau , sans qu'elle passe ou filtre à
travers, exigent des sillons pour en égoutter
cette eau qui, ne pouvant pénétrer dessous,
assez avant pour s'y perdre , les rend trop humides, reflue souvent en hiver sur la superficie et y séjourne , sur-tout dans les années
pluvieuses. Telle est la qualité de la majeure
partie des fonds dans l'Anjou , le Maine , la
Touraine et dans divers autres pays et provinces, qui sont en sillons, et où j'ai fait sonder en différens endroits. Il serait imprudent
d'y détruire cette pratique; l'eau ferait alors
plus de tort , et les récoltes seraient moindres.

J'observerai , au sujet des sillons , que la
plupart des laboureurs les font indifféremment
d'un sens ou de l'autre , selon leur routine ou
leur caprice. La direction des sillons n'est cependant point indifférente : lorsqu'il n'y a pas
d'empêchement , c'est-à-dire , dans un terrein
uni, il est essentiel de les aligner toujours du
septentrion au midi , et non de l'orient à l'oc-
cident. Ceux qui sont dans cette seconde dis-

position, ne présentent en hiver qu'un côté au soleil, qui le dégèle, du moins en partie, vers midi : la nuit suivante, ce même côté regèle, le soleil le dégèle encore quand il reparaît ; cette opération du soleil, souvent réitérée, met le blé, pour ainsi dire, entre deux glaces, et le fait périr la plupart ; de façon que dans le haut tems il ne s'en trouve presque plus de ce même côté des sillons, ce qui diminue la récolte de près de moitié. Ceux qui sont alignés du septentrion au midi ne courent pas le même risque ; ils ne présentent que leurs pointes au soleil ; leurs côtés n'essuyant ses rayons qu'obliquement, n'en sont point échauffés et dégelés de même ; le blé y est toujours égal, et la récolte meilleure. J'ai fait diriger de cette façon, dans les endroits où il n'y avait pas d'empêchement, tous les sillons de mes terres disposés différemment. Je m'en suis très-bien trouvé. On en usera ainsi pour les défrichemens, même dans ceux qu'on semera en planches, quoique cette observation n'y soit pas, à beaucoup près, d'aussi grande conséquence. Elle devient inutile dans les montagnes et coteaux, cette position y forme empêchement. Il faut bien se garder d'y faire les sillons du haut en bas, la pluie dégraderait la terre, et entraînerait tous les engrais dans la vallée. L'on doit, dans ces terreins, pratiquer les sillons en travers des pentes, non-seulement pour éviter l'inconvénient ci-dessus, mais encore pour la facilité des harnais de labourage, qui ne fatigueront pas tant. On y fera dans les endroits nécessaires quelques rigoles en travers des sillons, non en ligne directe, mais en zizzag, pour éviter le ravage de l'eau, si elle y roulait trop rapidement. Les terres qu'il convient de mettre en planches ou de labourer tout-à-fait à plat, sont celles où l'on trouve, à quelques pieds de profondeur, des carrières où un lit suffisamment épais de pierres, de tuf, de sable, et de toutes autres espèces de terres non compactes, au travers desquelles l'eau filtre aisément. Il serait inutile de faire des sillons dans cette espèce de terrein : tel est celui des environs de Paris et de divers autres pays, qui est labouré en planches ou tout-à-fait à plat, et où j'ai fait sonder en différens endroits. Les terreins dans lesquels l'eau passe le plus vîte doivent être labourés à plat, et ceux où elle filtre plus lentement, en planches.

Voilà l'origine des terres labourées en sillons, en planches et à plat. Tels sont les motifs qui ont déterminé nos anciens ; ils sont sages et pris dans la nature de la chose même. Ce n'a point été l'effet du hasard ou de la routine , comme bien des gens se l'imaginent. Je ne dis pas que cette étude de l'intérieur de la terre ait été suivie constamment par-tout , et qu'il n'y ait bien des cantons où l'une de ces façons de labourer a lieu , pendant que ce devrait être l'autre. Souvent dans le milieu d'un pays , et même d'un domaine , où l'on suit une pratique avec raison , il s'y trouve enclavé des fonds qui en exigeraient une différente ; mais ce détail suffira à tout le monde et dans tous les pays , pour savoir de quelle façon il faudra labourer les défrichemens , et connaître , au moyen de la sonde , si celle qu'on suit dans le canton est la plus convenable pour l'espèce du terrein.

Travaux à bras pour les défrichemens. — Choix et préparation des semences. — Céréales diverses appropriées à la qualité du sol ; etc.

Pour les petits propriétaires et fermiers qui ont peu de terres et les labourent avec les bras , soit en se servant du pic ou de la tranche, soit en y employant la pelle, la bêche ou autre outil ; lorsqu'ils auront défriché de la manière ci-devant marquée un morceau de terrein, et qu'ils voudront le semer de l'une des façons que je viens de rapporter, ils ne manqueront pas, en le travaillant, de bien mêler la cendre avec la terre, dont ils ôteront toutes les pierres et racines. Ce seront eux qui recueilleront, proportionnellement, le plus de blé, dès la première année, les fonds se remuant infiniment mieux avec les bras qu'avec la charrue. Si l'on pouvait cultiver ainsi toutes les terres, elles produiraient beaucoup davantage.

Je passe légèrement sur le choix et la préparation des semences, parce que ce sont des choses connues de tout le monde ; je recommande seulement d'y donner la plus grande attention, et de n'y rien épargner.

A l'égard de l'espèce de blé qu'on semera d'abord la première année dans le défrichement, cela dépendra de la qualité de la terre ; celle qui sera tout-à-fait grasse portera du froment ; celle qui ne le sera pas tant produira du méteil, c'est-à-dire, un mélange de seigle et de froment, plus ou moins fort de l'un ou de l'autre grain, suivant la graisse de la terre ;

celle

celle qui se trouvera de moindre qualité et ne sera point grasse, ou que très-peu, rapportera du seigle ; on en jugera sur le terrein même après l'opération du brûlis. En général, à moins que la terre ne soit excellente, ou de cette sorte de sable gras tel qu'on en voit dans la vallée de Beaufort en Anjou, et dans quelques autres pays, lequel, malgré son nom de sable, est le meilleur de tous les fonds pour le froment et autres productions, je conseille de semer toujours par préférence, cette première fois, du seigle ; on sera du moins certain qu'il réussira. L'année suivante on connaîtra mieux par sa production et les labours la portée et la qualité de cette terre ; l'on sera alors bien plus en état de prendre sans risque un parti décisif. J'en ai usé ainsi dans mes défrichemens. J'ai éprouvé aussi que le seigle réussit communément beaucoup mieux que le froment dans l'espèce de terres légères et sablonneuses dont je traite présentement. Lorsqu'elles sont dans la suite bonifiées à un certain point, elles deviennent propres à porter du méteil, et après cela du froment ; mais quand elles ne produiraient toujours que du seigle, cela ne ferait pas une grande différence pour le profit, ainsi que je l'ai dit ci-devant.

Récolte à faire sur les défrichemens. — Digression pour et contre la méthode de payer les moissonneurs en argent ou en nature.

Je viens à la récolte du défrichement semé en sillons avec la charrue. Elle se fera toujours, par la raison que j'ai dite, environ quinze jours avant celle des autres blés de même espèce du canton, ce qui procurera deux avantages : le premier, de donner du tems d'avance pour les labours ; le second, de trouver des journaliers bien plus aisément et à meilleur marché pour scier ou couper le blé ; méthode que je préférerai toujours à la métive, c'est-à-dire, à la façon de donner son blé à couper et à battre à des hommes qui en prennent une partie pour leur salaire et nourriture, ainsi qu'on le pratique en Anjou, où on leur donne le septième du blé. La même chose est d'usage dans le Maine, la Touraine, le Poitou, partie de la Bretagne et autres provinces circonvoisines. Il y a même des endroits où la portion de ces métiviers est plus forte.

J'ai abandonné cette pratique, ayant reconnu, par une expérience de plusieurs années, qu'il y a beaucoup de profit sous tous les rapports à faire couper son blé par des journaliers à prix d'argent. Je donne alors 12 sous par jour aux hommes, et 10 s. aux femmes en état d'y travailler. J'y emploie aussi, pour un prix proportionné, les enfans assez forts. Les mêmes hommes peuvent, si l'on veut, battre le blé tout de suite, comme c'est la coutume du pays d'Anjou ; mais lorsqu'on a des granges assez vastes, il est plus avantageux de remettre cette besogne à l'hiver, par plusieurs raisons généralement connues. C'est le parti que j'ai pris et que je conseille à tous ceux qui auront des granges suffisantes. Quand même les journaliers coûteraient plus cher dans un autre pays, soit qu'on les paie partie en argent et partie en nourriture, soit qu'on ne leur donne que de l'argent, ce qui est plus commode, l'on se trouvera toujours mieux de s'en servir que des métiviers.

Ceux-ci ont grand soin, pour leur profit particulier, de se mettre en petit nombre, lorsqu'ils font leur marché ; comme ce nombre ne peut plus s'augmenter, cela rend leur besogne longue : s'il arrive des pluies pendant ce tems-là, le blé germe dehors, à la grande perte du propriétaire ou fermier, qui, à moins de pluie continuelle, n'est point exposé à cet accident lorsqu'il emploie des journaliers, parce qu'il peut en mettre d'abord la quantité qu'il juge nécessaire, et l'augmenter ensuite dans les cas pressans. Il saisit le premier beau tems pour faire faire diligemment son ouvrage : pourvu qu'il y veille, son blé est mieux coupé par ces gens-là, qui n'ont pas le même intérêt que les autres à passer par-dessus le moindre, pour gagner davantage, et il est ramassé bien plus promptement.

Les pauvres paysans des endroits où les métives ont lieu, ne doivent pas craindre que ce changement dans la façon des récoltes leur nuise ; bien loin de leur porter aucun préjudice, il leur deviendra utile : plus ils sont pauvres, plus l'on doit veiller à leurs intérêts, et tâcher de leur procurer par le travail non-seulement une subsistance honnête, mais encore de l'aisance. Ce seront toujours eux qui couperont et battront les blés comme auparavant ; leurs femmes, et leurs enfans déjà forts, aideront à scier ces grains. On les emploie très-rarement à cet ouvrage dans les endroits dont je parle, à cause de la jalousie ordinaire des métiviers, qui mettent ces femmes et enfans dans le cas de n'avoir presque rien à faire pendant l'été, et de perdre le tems précieux de la moisson à glaner de côté et d'autre, chose qui doit être uniquement réservée pour la classe de pauvres réduits à la charité publique, c'est-à-dire, pour ceux hors d'état de travailler.

Il résultera encore de cet arrangement un avantage très-considérable pour ces paysans, en ce que les propriétaires et fermiers se trouvant plus à leur aise, parce que leur récolte aura été ramassée sans perte, ils seront en état d'employer, toute l'année, des journaliers à différens ouvrages, ce qu'ils ne pourraient faire s'ils étaient mal dans leurs affaires, comme il leur arriverait souvent en se servant de métiviers dans les années pluvieuses, où partie de leur blé serait gâtée. Il y a une connexité entre les gros propriétaires qui font valoir, lesquels je place ici avec les bons fermiers d'une part, et les pauvres paysans ou journaliers d'autre part, laquelle connexité fait que la subsistance de ceux-ci dépend de l'aisance de ceux-là. Il ne faut qu'avoir demeuré dans les provinces de l'intérieur du royaume pour être convaincu de cette vérité : l'équilibre doit être soigneusement maintenu entr'eux, le bonheur des campagnes en dépend ; dès que la balance penchera d'un côté

ou de l'autre , tout ira mal. Cette disserta-
tion sur les métives m'a paru nécessaire , parce
qu'il est fort intéressant pour le bien général ,
et pour celui des habitans de chaque province
en particulier , que les grains soient ramassés
avec le plus de diligence et le moins de perte
possible.

Cet objet mérite une grande attention :
quand le blé est à bon marché , les métiviers
font les renchéris , et en laissent beaucoup
perdre ; c'est bien pis dans les années de
cherté. J'ai vu plusieurs fois de ces métiviers
refuser alors de couper des blés , quoiqu'ils
s'y fussent engagés auparavant ; engagement
qu'on ne pouvait leur faire tenir , même par
les voies de la justice , attendu qu'ils n'avaient
pas de quoi répondre des frais. Leur raison
était qu'ils ne jugeaient pas ces blés assez
beaux pour y pouvoir gagner autant qu'ils auraient voulu. Les propriétaires ou fermiers ,
ayant compté sur ces gens-là , et ne s'étant
point précautionné d'avance pour avoir des
journaliers , ne pouvaient souvent en trouver
à tems , ou suffisamment ; de façon que leurs
blés étaient perdus , du moins pour la plus
grande partie , ce qui augmentait encore la
famine dans le pays. Combien de blé ne se

perd-il pas de cette façon dans le royaume ? Il importe également à tous de concourir à la répression de cet abus, qui cause un dommage considérable, et d'autant plus fâcheux, que personne n'en profite.

Je reviens aux journaliers employés à la récolte du défrichement. Ils pourront, cette première année, couper le blé, soit froment ou seigle, à chaume perdu, c'est-à-dire, le plus près de terre qu'il y aura moyen. C'est là le mieux pour ne point perdre de tems : cela épargnera d'ailleurs les frais de faire faucher le chaume, qui, dans çe commencement, est de peu de valeur. Si cependant on en laisse, on pourra le brûler, pourvu qu'il se trouve assez épais pour que le feu y prenne. Dans le cas où l'on en aurait absolument besoin pour les litières, car il ne peut servir à nul autre usage, on le fera couper ou arracher diligemment par des gens qui suivront les moissonneurs, s'agissant de labourer promptement.

Labours, hersages et façons diverses à donner, la seconde année, au défrichement.

Aussi-tôt que le terrein sera vide, l'on y donnera un premier tour de charrue léger, pour enterrer les racines du chaume. Quelques jours après, il en faudra un second du même sens, et avec la même charrue, qu'on enfoncera un peu davantage; ensuite on en donnera, toujours en enfonçant jusqu'à la profondeur convenable, deux autres de l'autre sens, c'est-à-dire, en traversant les premiers; après quoi, par un cinquième labour, on remettra les rayons du même sens qu'ils étaient d'abord. Entre ces cinq labours, qui se feront avec la charrue à une oreille et avec les précautions marquées plus haut au sujet des pierres et racines, on passera plusieurs fois la herse sur le terrein, ainsi que je l'ai déjà dit; tous ces tours de charrue et de herse ameubliront la terre, et la mêleront également avec les cendres. Si ce terrein doit demeurer en sillons, cela suffira jusqu'au sixième labour, qu'on lui donnera peu de jours avant de l'ensemencer, et qui sera suivi du dernier, auquel on emploiera la charrue à deux oreilles, pour enterrer le blé; mais s'il doit être semé en planches ou tout-à-fait à plat, on se conformera à ce que j'ai détaillé à ce sujet, en parlant des terres cultivées de cette façon. De quelque manière qu'un défrichement labouré avec la charrue soit ensemencé, il ne faudra pas, à beaucoup près, autant de monde pour l'émotter cette année, qu'il en avait été besoin la précédente. A l'égard de la quantité de semence, on en mettra un peu plus que la première année, c'est-à-dire, environ un tiers moins qu'on n'en emploie ordinairement dans le pays pour semer, dans la même espèce de grain, une semblable étendue de terre.

Quant aux morceaux de terrein travaillés à bras, comme ils acquièrent bien vîte un plus grand degré de perfection que les autres, et qu'ils le conservent très-long-tems, on les cultivera toujours par la suite dans le même goût qu'au commencement, et on y menera de tems en tems des engrais ; car je présume qu'on ne leur fera porter que du blé, des légumes, ou autres productions les plus cheres, auxquelles ils deviennent communément propres. Ce serait dommage de les mettre en bois.

Moyens de former des bois sur les défriche-mens. — Succès et fautes de l'auteur.

En parlant de l'ensemencement des blés dans le défrichement labouré avec la charrue, je n'ai point dit d'y voiturer de fumier, parce qu'il n'en a pas besoin. Si on veut le semer dans la suite en bois, opération qui ne doit se faire qu'au bout d'un certain tems, c'est-à-dire, après qu'on aura épuisé le fonds par les grains; cet épuisement, loin de lui faire tort, le rendra au contraire bien plus propre à produire du bois, que si l'on y en semait d'abord, chose que je ne conseillerai jamais. La terre n'étant pas encore alors suffisamment ameublie, elle ne le devient que par la culture des blés, continuée durant quelques années. On aura soin, pendant ce tems-là, de bien façonner cette terre, ainsi que je l'ai expliqué, pour en retirer le plus qu'on pourra, tant en blé, soit froment, méteil ou seigle, qu'en autres grains. La moindre rapportera trois ans de suite, et l'autre quatre ou cinq ans, quelquefois même plus long-tems.

La première récolte ne sera pas la meilleure; elle sera souvent médiocre, le terrein n'étant pas encore suffisamment en guéret; elle suffira cependant pour dédommager de la totalité, ou du moins de la plus grande partie des frais du défrichement. La seconde se trouvera beaucoup plus abondante, et sera toute ou presque toute en pur profit. La troisième sera encore bonne, ainsi que les suivantes, si le fonds a la force d'en supporter plus long-tems ; l'on pourra même, la dernière année, y semer, avec le blé, du gland, des châtaignes, de la faîne et autres bois propres à la qualité du fonds. A la récolte, on coupera ce blé assez haut pour ne pas offenser le jeune plant. Bien des gens sèment ainsi du blé avec du bois, prétendant que l'un n'empêche pas l'autre de venir.

J'en ai fait l'épreuve : j'ai trouvé que le blé attirait les bestiaux en dommage, et leur faisait souvent sauter les fossés de clôture, et brouter le jeune plant du bois, à moins qu'on n'eût une attention extrême à le garder. D'un autre côté, comme on était obligé, lors de la récolte, de couper ce blé assez haut, par la raison que je viens de marquer, les épis les plus courts restaient, et il s'en égrenait encore beaucoup d'autres sur le terrein. Ce grain ne manquait pas d'y lever successivement. Il dégénérait ensuite en herbe qui tirait les sucs de la terre, faisait grand tort au plant, et avait le même inconvénient d'attirer les bestiaux, sur-tout au printems, où les prés sont défendus, et où il y a peu de pâtures. Après m'être donné bien des soins pour détruire toutes les semences d'herbes, j'avais le chagrin de les voir renaître, au grand détriment de mon semis de bois. Le parti que j'ai pris, et que je conseille comme le plus sûr, a été de semer le terrein en blé, le nombre d'années que j'ai marqué, c'est-à-dire, suivant sa force. Après la dernière récolte, j'ai fait faire les labours aussi soigneusement qu'à l'ordinaire, et dans la même quantité que si j'avais voulu y remettre du blé ; mais, au lieu de cela, j'y ai semé, dans la saison convenable, du bois tout seul, qui a été recouvert par la herse dans les endroits secs, et par la charrue dans ceux trop humides, qu'on a laissés en sillons. Les semis que j'ai faits de cette façon ont beaucoup mieux réussi et sont venus plus promptement que les autres ; les bestiaux n'y ont causé nul tort, attendu qu'il n'y a point d'herbe. Il se passera encore bien des années avant qu'elle y repousse, l'action du feu la détruisant pour très-long-tems. Ces semis, qui ont été recépés au bout de trois, quatre et cinq ans, proportionnellement à leur vigueur, seront alors hors de danger ; c'est un plaisir de les voir à présent. Il y a de différentes espèces de bois selon les différentes qualités de terreins ; je ne les ai point fait biner ni labourer la seconde et la troisième année, comme c'est l'usage ;

cette dépense aurait été inutile et peut-être même nuisible à leurs racines.

La terre qui a été défrichée par l'opération du feu, et cultivée ensuite comme je viens de l'expliquer, se met si parfaitement en guéret, et acquiert une propriété si favorable, que le bois y prospère à souhait. Après avoir pratiqué plusieurs autres façons d'en semer, tant avec la charrue qu'avec la tranche, la bêche et autres outils, j'ai reconnu que celle-ci était la meilleure, la plus sûre et la plus prompte. Les bois semés de cette manière devancent même, en peu d'années, ceux qui ont été plantés ailleurs en même tems et à grands frais, de plants enracinés déjà forts, et qu'on a eu soin de biner et de labourer souvent; ils sont toujours plus beaux que ces derniers, deviennent plus hauts, plus droits et d'une plus belle écorce. Tous les défrichemens que l'on mettra de cette façon en bois, réussiront également; on n'y doit cependant employer, à moins de raisons particulières, que les moindres fonds, les blés méritant sans contredit la préférence.

Conséquemment à ce motif, si l'on destine le défrichement labouré avec la charrue à porter toujours du blé, soit froment, méteil, seigle ou autres grains , et que la terre ne se trouve pas d'une bonté suffisante ou convenablement engraissée par une grande quantité de cendres , je conseille , pour le mieux , d'y mettre du fumier dès la seconde année, avant de l'ensemencer de la façon marquée plus haut. Il n'en faudra que médiocrement, c'est-à-dire , à-peu-près autant qu'on en emploie communément sur une pareille étendue de terrein dans le canton. Mais où prendre ce fumier, m'objectera-t-on ? on n'en a déjà pas assez le plus souvent pour engraisser les terres anciennement en valeur, et il ne faut pas améliorer ce défrichement à leurs dépens. Je vais lever cette difficulté , et donner les moyens d'en trouver ; ils consistent dans les différentes façons de composer chaque année les fumiers artificiels dont j'ai parlé ci-devant. Je commence par la plus facile.

Fumiers artificiels et leurs diverses compositions.

Dans tous les pays , quelque tems avant l'hiver, et en Anjou vers le 15 Novembre, on fera bien nettoyer toutes les basses-cours, avant-cours et issues de la maison ; on aura soin de les faire unir et creuser un peu , s'il le faut , jusqu'à ce qu'elles se trouvent environ un pied au-dessous du niveau du rez-de-chaussée des bâtimens ; ensuite , si l'on possède quelque lande , on y enverra chercher de la bruyère qu'on aura fait faucher d'avance , ou que l'on coupera à mesure ; on en mettra une couche d'environ deux pouces d'épaisseur sur toute la superficie de ces basses-cours , avant-cours et issues. Si l'on n'a point de landes d'où l'on puisse tirer de cette bruyère , on se servira , pour la remplacer , de chaume ou de paille de seigle , dont il suffira de faire la couche moitié moins épaisse. On fera lever en même tems , à proximité de la maison , soit dans une friche , soit dans les cheintres , autour des champs , dans les haies , dans les bois , ou dans quelqu'endroit inculte , des gazons ou de la terre du dessus , à six pouces d'épaisseur. On fera charroyer tout de suite ces gazons et terres dans les basses-cours , avant-cours et issues , où on les répandra sur la couche de bruyère , de chaume ou de paille de seigle , également à six pouces d'épaisseur par-tout. Si le terrein qu'on défriche n'est pas assez à portée de la maison , et si elle se trouve située de façon qu'il n'y ait point non plus, à sa proximité, d'autre terrein inculte, ni aucun cheintre, haie ou bois, il ne faudra pas hésiter dans ce cas-là à faire enlever de la terre de la superficie de quelque champ voisin, jusqu'à six pouces de profondeur ; on la prendra de préférence dans les endroits les plus élevés, s'il s'en rencontre de tels, afin de rendre ce champ plus uni ; on voiturera cette terre sur la couche de litière en question, et on l'y mettra de la même épaisseur de six pouces que je viens de marquer.

On laissera cette couche de litière et de gazon ou terre pendant environ quinze jours sur la place, où l'on jettera à mesure toutes les balayeures et immondices de la cuisine et de la maison, afin de ne rien perdre et de faire fumier de tout. L'humidité de cette saison, les hommes, les bestiaux et les voitures qui passeront dessus cette couche, contribueront beaucoup à la pourrir. Pour achever d'y réussir, lorsqu'il surviendra de la pluie, l'on fera sortir successivement des écuries et des étables tous les bestiaux en général, et à coups de fouet on les fera trotter quelque tems dans les basses-cours, etc. sur ce terrein rapporté. Il se tournera bientôt en une

sorte

sorte de grosse boue mêlée de litière ; ensuite, c'est-à-dire, à l'expiration des quinze jours ou à-peu-près, on fera curer avec des pics, fourches de fer et pelles de bois, toutes ces basses-cours, avant-cours et issues. Si l'espèce de fumier qu'on y trouvera est trop liquide, ce qui arrive souvent dans les tems pluvieux, on le laissera égoutter par petits tas sur le terrein même ; après quoi on le voiturera, avec des civières ou tombereaux, dans un trou ou forme à fumier suffisamment grand, et creusé exprès pour cela dans un coin de la basse-cour, ou dans les environs à proximité. Il est nécessaire que ce trou soit dans un endroit sec, car il ne faut jamais déposer aucun fumier dans l'eau ; elle le dégraisserait, en absorberait la chaleur et en dissoudrait les sels ; elle en diminuerait même considérablement le volume, si elle s'écoulait ailleurs. A mesure que l'on mettra ce fumier artificiel dans le trou ou forme en question, on y mêlera la moitié autant de fumier des écuries et des différentes étables, c'est-à-dire, une voiture de celui-ci avec deux de celui-là ; on répandra, dès le lendemain, de la litière et du gazon ou de la terre sur ces basses-cours, avant-cours et issues, de la même façon et épaisseur qu'auparavant, pour être levée, mêlée et déposée également dans la forme au bout d'environ quinze jours : en continuant ainsi pendant tout l'hiver et une partie du printems, on fera par-mois deux levées de ce fumier artificiel.

Ce travail ne sera pas coûteux : tout le monde peut y être employé, jusqu'aux femmes et aux enfans ; il tombe d'ailleurs dans une saison où l'on n'a que peu à faire. Le haut tems arrivé, on pourra toujours le continuer ; mais alors, attendu la sécheresse, les couches ne se pourrissent pas, à beaucoup près, aussi promptement, et on ne saurait quelquefois les lever qu'au bout de deux ou trois mois. On aura soin de mettre à part ces dernières levées, par la raison que j'expliquerai ci-après.

Telle est la manière de tripler son fumier par le moyen de ce fumier artificiel, avec lequel on le mêle. Avant de s'en servir, il faut qu'il reste environ six mois dans la forme pour s'y mûrir, et qu'on ait attention de l'arroser quelquefois lors des sécheresses. Pendant cet intervalle, il s'échauffe, fermente et acquiert une qualité excellente ; il y a même beaucoup de terreins où ce fumier mélangé convient mieux que le fumier pur des écuries

et des étables ; il est plus doux., moins brûlant et duré davantage dans la terre. Quant à
celui des dernières levées , que j'ai dit de mettre à part, comme il n'aurait pas assez sé-
journé dans la forme pour s'y bonifier suffisamment avant la semaille des blés , on le
conservera pour l'employer à la première occasion l'année suivante, et l'on aura lieu d'en
être content. Si l'on pouvait garder cette sorte
de fumier deux ans , il n'en deviendrait que
meilleur. Il est très-aisé à faire et propre pour
toutes sortes de terres. Les fermiers qui n'auront point de basse-cour, exécuteront la même
chose dans leur cour , et les pauvres paysans
qui n'ont ni cour ni basse-cour, la pratiqueront
devant leurs chaumières et dans ses issues.

Voici une seconde façon de se procurer un
très-bon engrais d'une espèce différente.

En parlant du fumier artificiel dont je viens
de donner la recette, j'ai dit que, le haut tems
arrivé , on ne pourrait plus en faire , attendu
la sécheresse , qu'une bien moindre quantité
jusque vers l'arrière-saison. Il faut y suppléer :
puisque l'eau nous manque , il faut avoir re-
cours au feu. Pour cet effet , vers le commencement où le milieu d'Avril , pendant le premier hâle qui surviendra , on fera lever avec

l'écobue, en différens endroits incultes, les plus à portée du défrichement que l'on veut semer pour la seconde année, des gazons à-peu-près de la même grandeur et épaisseur que pour l'opération du brûlis. On les laissera sécher sur les lieux, mais pas autant que je l'ai demandé pour cette opération. On en formera ensuite, dans les mêmes endroits, des tas ronds, d'environ dix pieds de haut, tels que ceux du défrichement, et l'on y pratiquera semblablement une espèce de petite cheminée.

En faisant ces tas, on mettra dans le milieu quelque peu de bois sec, et, à défaut, de la bruyère, du chaume ou de la paille; ces matières combustibles sont nécessaires dans leur intérieur, attendu que sans cela le feu n'y prendrait pas, les gazons n'étant point assez secs. Ils ne doivent pas l'être tout-à-fait, parce qu'il faut que ces sortes de tas, différens en cela de ceux du défrichement, brûlent très-lentement, afin de ne pas trop cuire la terre, de donner plus de cendres et de les rendre de meilleure qualité. Ces tas étant ainsi achevés, on y mettra le feu. Pour l'entretenir dans la suite, on chargera quelques domestiques ou journaliers de passer tous les jours, en allant ou revenant de leur ouvrage, devant ces fourneaux, et de s'y arrêter quelques instans. Ils les attiseront, et y remettront, à mesure qu'il en sera besoin, de nouveaux gazons qu'ils auront levés d'avance dans le voisinage, soit avec leur pelle, soit avec leur tranche ou autre outil, et qu'ils auront laissé sécher un peu. Ces fourneaux une fois échauffés et gouvernés après cela de cette façon, brûleront toujours, quelque pluie qu'il survienne, jusqu'aux tems les plus humides de l'automne. On en tirera de tems en tems, sans les éteindre, une partie de la cendre qui cuirait trop, et on la mettra en monceaux dans les environs.

La saison de semer les blés arrivée, l'on pourra laisser éteindre ces fourneaux : on y trouvera encore beaucoup de cendres. Cet engrais, répandu sur les terres labourables avec les précautions marquées plus haut, pour ne point le laisser éventer, sera excellent pour les blés, comme je l'ai déjà dit ; il réussira également par-tout ailleurs où on voudra l'employer, entr'autres dans les prairies. La pratique de ces fourneaux est très-avantageuse ; on les appelle chez moi des *fourneaux perpétuels* ; ils rendent une grande quantité de cendres, et il n'en faut qu'un

petit nombre pour fumer une étendue de terrein considérable, et qui aurait besoin de
beaucoup de fumier. Je me sers utilement de
cette recette pour fumer mes terres les plus
éloignées, et dans lesquelles les fumiers seraient difficiles à voiturer. Ces fourneaux ne
coûtent presque rien, et l'on ne s'apperçoit
pas du peu de soins journaliers qu'ils exigent.
Il n'est point de paysan, si pauvre qu'il soit,
qui ne puisse en faire aisément pour son usage
particulier : il est vrai qu'ils enfument un peu
le voisinage ; mais on a soin de les placer dans
les endroits les plus éloignés de la maison ;
d'ailleurs, l'inconvénient de cette fumée n'est
pas bien considérable, et il doit être compté
pour rien vis-à-vis de l'abondante récolte que
l'on a par la suite. Dans les cantons où il ne
se trouvera plus de terrein inculte, ni cheintre, ni haie, ni bois d'où l'on puisse tirer des
gazons, on pourra en lever pour la construction et l'entretien des ces fourneaux, sur quelques morceaux de ses champs, avant de les
labourer.

Sans compter les *améliorissemens* dent j'ai
fait mention au chapitre des Sables vifs, il y
a quantité d'autres façons de composer des fumiers artificiels et de se procurer des cendres,

soit avec des feuilles et des herbes., soit avec
dés fougères, des genêts et différentes sortes
de productions sauvages. Comme ces moyens
sont la plupart généralement connus, je ne
les détaillerai point ; chacun s'en servira selon
son besoin, sa commodité et sa position. Le
fumier artificiel et les fourneaux perpétuels
dont je viens de décrire la pratique, suffisent
pour un défrichement. J'ai cru qu'il était d'autant plus à propos d'en donner la recette,
qu'ils conviennent dans tous les pays, ainsi
que dans toutes les terres, et qu'il n'est presque point d'endroit, si mal situé qu'il soit, où
l'on ne puisse la mettre à exécution.

Nous voilà en état d'engraisser le défrichement labouré avec la charrue et destiné à porter toujours du blé. J'ai dit que jé conseillais
de le fumer la seconde année, avant de l'ensemencer ; on se trouvera très-bien de suivre
cet avis, malgré le sentiment de ceux qui
prétendent que les terres neuves sont assez
grasses. Il en est fort peu où le fumier ne soit
pas utile, et même extrêmement avantageux
cette seconde année ; l'expérience me l'a fait
cònnaître dans mes défrichemens. Depuis que
je les gouverne de cette manière, et que je
me sers du fumier artificiel et des fourneaux

perpétuels en question, leur fertilité a beaucoup augmenté ; la récolte de la deuxième année, dont je parle à présent, s'est trouvée excellente, et la troisième pareille. La quatrième année, j'y ai remis autant de fumier que la première fois, ce qui m'a procuré encore deux autres récoltes également bonnes. J'ai semé ainsi, pendant cinq années consécutives, la plupart des défrichemens que j'ai fait faire avec l'écobue, et j'y ai constamment eu d'abondantes récoltes, quoique la majeure partie des fonds ne fût que d'une très-médiocre qualité. J'en ai poussé quelques-uns pendant plusieurs années au-delà de ce terme, et ils ont presque autant rapporté, en les fumant de deux ans l'un. Il en sera de même de tous ceux que l'on fera, et que l'on entretiendra d'une façon semblable. Mais en général je conseille, pour le mieux, de ne les point semer plus de cinq ans de suite, y compris la première récolte que j'ai annoncé devoir être la moindre. Au bout de ce tems, on laissera reposer un an ces défrichemens, après quoi on pourra les mettre en sole avec les autres terres labourables, pour être ensemencées successivement, tant en gros blés qu'en menus grains, selon l'usage du pays.

Les terres ainsi défrichées par le moyen du feu , deviennent infiniment meilleures que les autres, et produisent beaucoup davantage ; on les nomme, en Anjou, *écobues*, du nom de l'outil dont j'ai fait mention ; l'opération s'appelle *écobuer*, et les gens qui y travaillent, *écobueurs*. Ce procédé bonifie le fonds pour plus de vingt ans : il se passe un tems très-considérable, sans qu'il y croisse, pour ainsi dire , aucune herbe dans les blés ; il n'en vient presque point encore dans les terreins que j'ai fait écobuer les premiers.

Toute la séve de la terre, qui n'est point dissipée par des plantes étrangères, se tourne du côté du blé ; il pousse bien plus vigoureusement, et il grène mieux, sans qu'il ait été besoin de le sarcler; il se trouve si net, lorsqu'il est battu , qu'il n'y a plus qu'à l'épouster , et qu'il n'est pas nécessaire de le greler. Le pain en est excellent et d'une qualité supérieure. Quand, par succession de tems, ces défrichemens produiront autant d'herbes que les autres terres labourables , ils seront alors au même niveau de défectuosité qu'elles ; mais ce terme sera très-éloigné , et je ne puis le fixer , n'en ayant pas encore vu d'exemple. On aura toujours un remède certain et tout prêt pour les rétablir dans leur premier état de perfection ; ce sera de les laisser reposer deux ou trois ans , afin de les mettre en gazon au degré nécessaire pour les écobuer de nouveau. Cette seconde opération ne sera pas, à beaucoup près, aussi coûteuse que la première, puisqu'il n'y aura rien à déraciner, qu'il ne sera pas question d'épierrer, et qu'il sera très-facile d'émotter. J'ai fait écobuer ainsi, avec le plus grand succès, des champs anciennement cultivés et qui ne rapportaient presque plus de blé, parce qu'ils étaient épuisés, soit par trop de récoltes consécutives, soit par la grande quantité d'herbe qui en tirait tous les sucs : ils sont devenus aussi bons que mes défrichemens.

Procédé pour rétablir les prairies naturelles épuisées. — Avantages des défrichemens selon la méthode de l'Auteur. — Détails sur le prix de la main-d'œuvre.

Je me suis servi du même moyen pour remettre des prairies usées : je les ai ressemées en herbes, et elles ont produit beaucoup de foin d'une excellente qualité. J'ai recueilli auparavant des grains fort abondamment pendant quelques années de suite, dans celles. qui n'étaient pas trop humides. Plusieurs de mes voisins ont usé de cette recette, et s'en sont également bien trouvés. C'est le plus puissant restaurant pour la terre fatiguée. Il résulte évidemment de tout cela, que la méthode d'écobuer et de brûler les terres est, sans contredit, le meilleur et le plus sûr moyen, soit pour les défricher, soit pour les rétablir. C'est faire un acquêt le plus avantageux dans son sol même ; on le double au moins par cette façon, souvent on le triple, et quelquefois on le quadruple. S'enrichir sans que ce soit aux dépens de personne, enrichir en même tems l'état, cela s'appelle véritablement agir en citoyen et en bon père de famille. On se trouvera à portée d'exécuter cela en suivant cette méthode ; elle a été connue de toute ancienneté en Anjou, ainsi qu'en différens autres pays, mais très-superficiellement ; jamais elle n'a été poussée au degré de perfection où j'ose dire que mes épreuves l'ont amenée, sans doute parce que personne ne s'y est particulièrement appliqué ; on l'avait même si fort négligée, qu'elle était presque oubliée dans mon canton, lorsque je commençai mes défrichemens. Pour terminer cet article des *Ecobues*, je vais dire combien les terres coûtent à défricher de cette manière.

Dans la partie de l'Anjou où mes terres sont situées, on paie la journée d'un bêcheur ou journalier ordinaire, en hiver, c'est-à-dire, depuis la Toussaint jusqu'à Pâques, 8 sous, et en été, c'est-à-dire, depuis Pâques jusqu'à la Toussaint, dix sous. La journée d'une femme est de 6 s. en hiver et de 8 s. en été. On donne, pendant la récolte, 12 sous aux hommes et 10 s. aux femmes, ainsi que je l'ai marqué ci-devant. A l'égard des enfans, que j'ai dit qu'on employait à plusieurs des opérations du défrichement, auxquelles ils peuvent travailler dès l'âge de sept à huit ans, on les taxe suivant leur âge et leur force ; les moindres gagnent 2 à 3 sous, les autres 4, 5 et 6 s. par jour. Quant aux écobueurs, comme leur ouvrage est plus fatiguant que les autres besognes, on leur paie 12 sous par jour pendant qu'ils écobuent ou pèlent le terrein ; passé cela, ils n'ont plus que le traitement ordinaire de la saison. Tous les différens prix ci-dessus spécifiés sont pour salaire et nourriture. Suivant ces mêmes prix, les terres de la seconde espèce que j'ai fait défricher par l'opération du feu en question m'ont coûté

communément en tout , non compris cependant le grain de la semence et les journées de
harnais employées à semer , environ 3o liv.
par arpent du pays, qui est plus grand que
celui de Paris (1).

L'arpent contient, en Anjou , cent perches
carrées de vingt-cinq pieds chacune. A Paris,
il est composé du même nombre de perches,
mais elles ne sont que de dix-huit pieds ; il
varie également dans plusieurs provinces du
royaume. Au moyen des prix que je viens de
marquer , on pourra évaluer avec certitude
ce que coûtera à défricher de la même façon ,
dans chaque province , l'arpent de terre , ou
telle autre mesure qui y sera d'usage. Les ex-
périences que j'ai faites en Anjou , serviront
de pièce de comparaison ou d'échelle. L'on
formera cette estimation en partant du prix
que l'on donne communément dans le pays à
un bêcheur ou journalier ordinaire , et en y

______

(1) Les diverses évaluations de main-d'œuvre ont
été publiées par l'Auteur en 1761 , et doivent par
conséquent subir aujourd'hui beaucoup de modifica-
tions ; mais les denrées ont éprouvé des variations
équivalentes , et il sera toujours facile d'établir des
calculs de comparaison d'après ceux adoptés par le
marquis de Turbilly. (*Note de l'éditeur.*)

joignant un cinquième en sus, qu'on accordera toujours, comme je le fais , à ceux qui écobueront ; c'est-à-dire, que dans une province où l'on a coutume de payer un journalier 15 sous, on donnera à un écobueur 18 s. par jour ; conséquemment un arpent de terre de la seconde espèce et de la même grandeur que celui d'Anjou , y coûtera à défricher 45 liv., ce qui est un tiers de plus que chez moi. Mais , dans la plupart des provinces, on en sera quitte à meilleur marché : il y en a beaucoup où le prix se rencontrera le même qu'en Anjou, et il s'en trouvera quelques-unes où il sera moindre ; en tout cas, dans les pays où la main-d'œuvre sera plus chère, les fonds s'affermeront en proportion , l'un compensera l'autre ; on aura toujours placé son argent fort avantageusement et à un très-gros intérêt.

Si les terres incultes qu'on voudra mettre en valeur de cette façon, sont réputées mauvaises ; c'est-à-dire, de la première espèce dont j'ai fait mention , elles seront plus aisées à remuer que celles de la seconde desquelles je viens de parler, et elles ne coûteront pas tant à défricher : elles rapporteront aussi moins ; mais si elles se trouvent meilleures, je veux dire de la troisième espèce dont je vais traiter, elles se travailleront plus difficilement, et reviendront à quelque chose de plus; elles produiront en revanche davantage. De quelque qualité que les fonds se rencontrent, on en tirera beaucoup de cette manière.

CHAPITRE IV.

III. DÉFRICHEMENT ET CULTURE DES BONNES TERRES.

Description des bonnes terres, et Productions qui leur sont propres avant et après le défrichement.

LES bonnes terres forment, suivant ma division, la troisième espèce. Je comprends sous ce nom la terre forte, les terres grasses, argileuses, glaiseuses, et en général toutes celles qui prennent aux pieds. Il s'en trouve de blanchâtres, de jaunâtres, de rougeâtres, de brunes et de noires; elles poussent ordinairement, en proportion de leur bonté, de l'herbe, des épines noires et blanches, des ronces, des genièvres, des bruyères, des ajoncs, quelquefois de la fougère, et différentes autres productions sauvages. J'ai déjà dit que l'on juge à coup sûr de la qualité du fonds, suivant que ces productions sont hautes, épaisses, fortes et vivaces. Quoique cette sorte de terrein soit regardée comme la meilleure, il s'en rencontre assez souvent qui ne vaut pas les terres de la seconde espèce ; mais il a l'avantage d'être communément propre à porter du froment ou du méteil.

Lorsqu'on en aura à défricher, on n'oublîra pas de se délivrer préalablement, pendant l'hiver, des trois obstacles dont j'ai fait mention plusieurs fois ; je veux dire, de l'eau, des pierres et des grosses racines ; ensuite on le fera écobuer dans le tems et de la façon ci-devant marqués. Si les herbes et autres productions sauvages se trouvent clairsemées et rares sur ce terrein, il faudra alors peler les gazons un peu moins épais que je n'ai demandé, de crainte qu'ils ne brûlent pas, par le manque de matières combustibles ; s'ils en ont suffisamment, ce que le plus petit essai démontrera d'abord aisément, on levera ces gazons de l'épaisseur que j'ai spécifiée.

Comme j'ai détaillé les autres opérations du

du défrichement par le moyen du feu , je ne les répéterai pas. On y semera, dès la première année , du froment dans les endroits assez gras , et dans ceux qui le seront moins on mettra du méteil , plus fort de froment que de seigle , selon le degré de graisse du fonds. On fumera , cultivera et ensemencera par la suite ce terrein , le même nombre d'années , et de la même manière expliquée plus haut, en observant les distinctions que j'ai faites entre les défrichemens destinés à porter toujours du blé , et ceux que l'on voudra semer en bois. Je crois cependant que ce ne sera que rarement et par des motifs particuliers , que l'on emploiera à ce dernier usage les fonds dont il est à présent question. L'on aura bien plus de profit de les emblaver en grains ; ceux qui n'auront produit, dans le commencement, que du méteil, deviendront, au bout de deux ou trois ans , en état de rapporter du froment pur. Ces terres ont encore un autre avantage considérable : elles se calcinent ou tournent la plupart en chaux par l'action du feu ; elles brûlent plus lentement que celles de la seconde espèce, et donnent beaucoup plus de cendres, ce qui , par les raisons que j'ai déduites , augmente leur fertilité.

Il se rencontre cependant des terres de cette troisième espèce, qui poussent si peu d'herbes et d'autres productions sauvages, qu'il n'est pas possible d'y lever des gazons assez garnis de plantes pour brûler ensuite. Quand on en aura de pareilles à défricher, au lieu de les écobuer, on fera bêcher ce terrein au printems, à coups de tranches et de pioches, par des journaliers ordinaires; on le laissera hâler et sécher pendant un mois ou six semaines; après quoi l'on y enverra des femmes et des enfans, lesquels, avec des râteaux de fer et de bois, secoueront les gazons et en sépareront les racines de la terre. Ils feront sécher suffisamment ces racines, pendant que le soleil montera à son plus haut degré; ils en formeront des tas d'espace en espace, y mettront le feu, et avec des pelles de bois en régaleront la cendre sur le terrein, où l'on aura soin de l'enterrer aussi-tôt par un premier tour de charrue à une oreille. On y fera donner ensuite successivement, durant les chaleurs de l'été, avec la même charrue, plusieurs labours croisés, ou en différens sens, pour tâcher de détruire les productions sauvages et ameublir la terre. Entre ces labours, les mêmes femmes et enfans émotteront le tout de la façon que j'ai expliquée en parlant des terres de la première espèce.

La saison où l'on a coutume de semer les blés dans le pays étant arrivée, il sera tems d'ensemencer ce terrein, soit en sillons avec la charrue à deux oreilles, soit en planches, ou tout-à-fait à plat avec la herse, selon que l'on jugera convenable; mais il faudra bien se garder d'y mettre, la première année, du froment ou du méteil, ni même du seigle : il n'en est pas de cette sorte de défrichement comme de celui qui est écobué; l'opération du feu, par laquelle ce dernier passe, y détruit absolument les semences des herbes et productions sauvages, ainsi que tous les vermisseaux et insectes; elle corrige aussi la plus grande partie de la fadeur de la terre. Le premier, qui n'a point été bonifié par une semblable opération, conserve cette fadeur, ainsi que les vermisseaux et insectes; il y reste encore beaucoup de semences des herbes et plantes; lorsqu'on le sème en froment, méteil ou seigle, ces vermisseaux se jettent d'abord dessus, et le mangent à mesure qu'il croît.

Au printems, les semences d'herbes et productions sauvages poussent; elles attirent à elles les meilleurs sucs, et elles étouffent presque entièrement le blé. Ce qui en reste après avoir surmonté tous ces obstacles, ne produit, pour ainsi dire, que de la paille, et point de grain ou que très-peu. J'en ai fait l'épreuve, et j'ai reconnu qu'il convenait d'ensemencer, la première année, un tel défrichement en avoine d'hiver; elle résistera, bien mieux que le froment ou le seigle, à tous ces différens obstacles, et grainera davantage. La récolte n'en sera cependant pas des meilleures, mais elle se trouvera passable. Aussi-tôt cette avoine coupée, l'on donnera, successivement, pendant les chaleurs, plusieurs labours à ce terrein en différens sens, pour achever de briser et d'ameublir la terre, et tâcher d'en détruire de plus en plus les racines d'herbes et de plantes sauvages. On le fumera ensuite, soit avec du fumier ordinaire, soit avec les fumiers artificiels dont j'ai parlé. On y emploiera même, s'il en est besoin, quelques-uns des *améliorissemens* dont j'ai fait mention, comme de la marne, de la chaux ou autres engrais. Si la terre était trop compacte, se durcissait absolument, et se fendait pendant les chaleurs de l'été, on y voiturerait du sable; il sépare les parties coagulées de cette terre trop tenace, la rend plus meuble et plus fertile, ainsi que je l'ai expérimenté. Toutes ces opérations faites pour ce qui en sera nécessaire, l'on semera, cette seconde année, le terrein en froment ou en méteil, suivant son degré de bonté, et l'on sera content de la récolte. On l'ensemencera encore de même l'année suivante, sans qu'il soit besoin de le fumer, ce qui n'empêchera pas la récolte de se trouver meilleure. On le laissera ensuite reposer pendant un an, pour le mettre en sole, avec les autres terres labourables. Cette façon de défricher ne bonifie pas d'abord le fonds comme quand on l'écobue.

Les premières récoltes ne sont pas, à beaucoup près, aussi considérables, et ce n'est qu'après un assez long espace de tems qu'il parvient à un degré de fertilité approchant de celui que procure, dans le commencement, l'action du feu; il n'arrive même point au même degré de perfection; quelques soins qu'on se donne, on ne peut, comme je l'ai éprouvé, y détruire entièrement l'herbe; conséquemment le blé n'y est jamais aussi net et aussi beau que dans les écobues. Quoique cette manière de mettre les terre incultes en valeur, coûte moins que de les faire écobuer, je ne conseille cependant d'en user qu'à la dernière extrémité, c'est-à-dire, lorsqu'on ne pourra faire autrement, et qu'il n'y aura pas moyen de lever sur le terrein des gazons d'une qualité convenable.

J'ai vu, à la vérité, dans différens endroits de l'Allemagne et de la Suisse, essarter ou défricher ainsi des bois, et y faire des récoltes très-abondantes. Ce succès ne m'a pas étonné, parce que les bois étant presque pour rien dans ces pays-là, on avait fait sécher et brûler ensuite sur le terrein même, non-seulement toutes les racines, mais encore la plus grande partie des arbres, ce qui avait produit une quantité de cendres. Le fonds, déjà engraissé de longue main par les feuilles, s'était trouvé si parfaitement amélioré par les cendres, que tout ne pouvait qu'y prospérer. Comme les bois sont généralement assez chers en France, je n'imagine pas que cette recette puisse y servir souvent, ni qu'il prenne envie à beaucoup de propriétaires d'en faire essarter, vu que, dans ce royaume, où il n'y en a point assez pour les constructions, on doit plutôt chercher à les augmenter qu'à les diminuer; en tout cas ceux qui, par des raisons particulières, jugeront à propos d'en faire défricher, pourront user de ce moyen. Je n'en parlerai pas davantage, attendu que je ne traite ici que des terres incultes, et que je ne regarde point comme telles, à beaucoup près, celles qui sont plantées en bois.

Quant à la façon de défricher les terres uniquement à la charrue, sans les faire travailler auparavant avec les bras, je ne l'approuve nullement, excepté pour les sables vifs dont j'ai parlé, ayant été très-mécontent des essais que j'en ai faits ailleurs. Elle ne peut avoir lieu que dans les endroits où il n'y a point d'herbes et de plantes sauvages, ou du moins très-peu. Il faut y donner le premier labour à la fin de l'hiver, ou au commencement du printems, pendant que la terre est humide. Si l'on attendait que le hâle du printems l'eût séchée, elle durcirait, et la charrue ne pourrait y entrer suffisamment. Le second labour doit être fait en travers, tout de suite, et il est nécessaire de continuer d'y donner successivement, en différens sens, quantité d'autres labours, sur-tout pendant les chaleurs de l'été, pour tâcher d'y détruire l'herbe et les autres plantes sauvages, dont on est enfin obligé de faire trier les racines avec des rateaux de fer et de bois, pour les mettre en monceaux et les brûler au milieu du champ, ainsi que je l'ai dit ailleurs. Outre qu'on fatigue prodigieusement les harnais à cet ouvrage, on y brise beaucoup de charrues; l'on ne peut y semer que de l'avoine d'hiver la première année; la récolte en est souvent mauvaise, la terre conserve sa fadeur, les semences d'herbes et de plantes sauvages repoussent, et il faut plusieurs années de soins et de travail avant que le fonds devienne bon. Ceux qui prennent cette voie comme la moins coûteuse de toutes, se trouvent à la fin n'avoir rien épargné, et courent même souvent risque d'y perdre.

Il y a plusieurs autres façons de défricher les terres; je n'en parle point, parce qu'elles valent moins que celles que j'ai rapportées. Il peut aussi s'en trouver de très-bonnes qui me soient inconnues; car il s'en faut de beaucoup que j'aie épuisé une matière aussi vaste; j'espère y faire encore bien des découvertes.

Clôture des parties défrichées. — Arbres fruitiers dans l'intérieur.

J'ai attendu jusqu'à présent à faire mention des haies, fossés et plants d'arbres, parce qu'il était nécessaire de mettre auparavant les

fonds en valeur. Il est fort important d'en-
clorre les terres qu'on aura défrichées , et, si
elles sont d'une certaine étendue , de les couper en plusieurs morceaux par de bons fossés
sur lesquels on plantera des haies et des arbres
de différentes espèces , de distance en distance. On peut mettre des arbres fruitiers dans
l'intérieur des champs ; mais ce doit être avec
circonspection , et très-loin les uns des autres , parce qu'autrement ils nuiraient , non-
seulement aux grains , mais encore au labourage. L'utilité de ces haies, fossés et plants
d'arbres est généralement connue , je ne puis
trop les recommander. Il y a des pays , comme
dans une partie de la Bretagne , où l'on en
fait tant de cas , qu'on les estime séparément
du fonds , et ce n'est qu'en les payant qu'un
seigneur peut rentrer dans les domaines con-
géables.

*Habitations à construire , proportionnées
à l'étendue des défrichemens. — Un mot
sur les marais et les charrues.*

Si les défrichemens auxquels on travaille
sont d'une vaste étendue , ou trop éloignés
pour que l'on puisse les faire valoir par soi-

même, et s'ils ne sont pas assez voisins d'habitations pour qu'on trouve à les louer à un prix convenable, il faudra y construire, à mesure, des maisons, et les séparer en fermes, plutôt petites que trop grandes, étant certain que, plus un terrein est divisé, mieux il est cultivé, et plus on en retire. On pourra bâtir ces maisons avec les pierres provenant de l'épierrement des défrichemens dont j'ai parlé; il n'y aura de cette manière rien de perdu, et tout tournera à profit. Cette dépense, d'ailleurs, ne sera pas aussi considérable qu'on se le figure; les premières récoltes, que l'on aura soin de se réserver, en dédommageront: j'en ai usé ainsi chez moi, et m'en suis bien trouvé.

Les moyens que j'ai indiqués pour tirer l'eau d'un terrein aquatique, serviront pour les marais; on les desséchera de même. Quant à la façon de les défricher, la plus convenable est sans doute de les faire brûler et écobuer, pour quelque production qu'on les destine: l'opération du feu, par laquelle ils ont encore plus besoin de passer que les autres terres, les rend d'une fertilité surprenante; je l'ai expérimenté dans ceux que j'ai mis en valeur de cette manière. Il y aurait bien des choses à dire sur cet article des marais, mais cela me menerait trop loin ; ainsi je ne m'étendrai pas davantage à ce sujet, par la raison que j'ai marquée au commencement.

Comme je ne traite ici que des terres incultes, je n'ai point parlé des fonds de craie vive, parce qu'ils tiennent plus de la pierre que de la terre. On en trouve de tels en quelques pays, entr'autres, dans la Champagne Pouilleuse, où l'on en voit des cantons d'une vaste étendue, qui n'ont point ou presque point de terre sur la superficie, et qui sont abandonnés. La couche de cette craie y est souvent de cinquante pieds d'épaisseur, ainsi qu'on en juge par les puits, qu'il n'est pas besoin d'y revêtir. Ces fonds qui manquent de terre sont certainement les pires de tous, et beaucoup plus mauvais que le sable vif. Lorsqu'on les brise avec des outils de fer, à quelques pouces de profondeur, pour les cultiver ensuite, ils se durcissent de nouveau au bout de quelques mois, et ne forment plus qu'un corps aussi solide qu'auparavant. On n'est alors pas plus avancé que si on n'y avait point travaillé ; il y a cependant des moyens d'en tirer parti, en y mêlant de la terre, ou des compositions d'une espèce

convenable , pour empêcher les parties sépa-
rées de cette craie de se rejoindre et de se
coaguler ensemble.

Je ne détaille pas ce procédé , ni les diverses
opérations qu'il exige , cela serait trop long;
c'est un objet particulier qui demande des attentions singulières , et qui mérite d'être décrit séparement.

Toutes les façons que j'ai rapportées de défricher les terres , peuvent avoir lieu dans
tous les pays du monde , en observant la
hauteur du soleil et le tems de chaque saison,
proportionnellement à ce que j'ai marqué
pour ce royaume , et aux épreuves que j'ai
faites en Anjou ; mais la meilleure de ces façons est sans doute , comme je l'ai dit, celle
d'écobuer et de brûler ensuite ; elle réussira,
dans quelque climat que ce soit.

Je ne distinguerai pas les différentes charrues , tant ancienne que nouvelles dont on se
sert en diverses provinces ; je remarquerai
seulement , à cette occasion , qu'elles doivent
ressembler à ces belles machines , d'autant
plus admirables qu'elles sont moins compli-
quées et plus simples. Il est à propos que ces
charrues soient construites de sorte que les
laboureurs puissent , avec le petit nombre

d'outils qu'ils portent ordinairement avec eux, les raccommoder aussi-tôt sur le terrein même, lorsqu'elles cassent, afin de ne perdre, en allant chercher une autre charrue ou le charron, un tems précieux qu'ils ne sauraient jamais recouvrer. En agriculture, tous les instans sont chers, la plupart des opérations sont momentanées ; il est même souvent aussi contraire de les avancer que de les retarder.

Je ne discuterai point non plus les différentes méthodes qui renchérissent à l'envi les unes sur les autres pour mieux cultiver les terres et les rendre plus fécondes.

Il s'agit ici, non d'améliorer, mais de mettre en valeur ; non de polir, mais de dégrossir ; non de perfectionner, mais en quelque manière de créer.

Je m'estimerai très-heureux et me croirai bien récompensé de tous mes soins et travaux, s'ils peuvent être de quelqu'utilité à ma patrie.

CHAPITRE V.

OBSERVATIONS SUR LA SONDE ET L'ÉCOBUE.

QUAND j'ai écrit sur les défrichemens, d'après une longue expérience, j'ai désiré que l'on se servît des moyens que j'indiquais pour tirer parti des terreins incultes. Depuis l'impression de cet ouvrage, j'ai vu avec satisfaction que beaucoup de personnes faisaient travailler en conséquence. Etant instruit que plusieurs désiraient avoir des sondes, ainsi que des écobues, et qu'il ne s'en trouvait pas à Paris, j'en ai fait faire avec tout le soin possible. J'ai cru que cette attention était une suite naturelle de l'obligation que j'avais contractée envers mes concitoyens, et je m'en suis acquitté avec plaisir.

Ayant reconnu que la planche gravée sur bois, qui représente ces instrumens, et qui est placée à la tête du livre, avait été très-mal exécutée, j'en ai fait graver une autre sur cuivre, dont les proportions sont bien plus exactes, et dont j'espère que l'on sera content. On y trouvera quelques changemens. Je vais rendre compte des raisons qui les ont occasionnés, et donner une description plus détaillée de la sonde, avec des observations intéressantes, tant sur cet objet que sur ce qui concerne l'écobue.

La sonde est un instrument si utile, qu'il n'y a point de propriétaire de terre un peu considérable qui n'en ait besoin. Elle est nécessaire, non-seulement pour connaître, à peu de frais, les différentes couches d'un fonds, et désigner à quels genres de productions il est le plus propre, mais elle sert encore à découvrir les mines de toutes espèces, le charbon de terre ou de pierre, la houille et autres matières combustibles ou inflammables, les diverses carrières, la marne, la glaise ou autres amendemens avantageux, selon la qualité du sol, les eaux, ainsi que leur profondeur, et généralement tout ce que renferme l'intérieur de la terre.

Cette sonde est représentée dans la planche ci-après. Elle est composée de deux barres de fer, *fig.* 1 *et* 2, d'un pouce de grosseur ou diamètre, et de six pieds de long chacune, qui se vissent l'une au bout de l'autre; le bout A de la *fig.* 1 porte un tenon à vis, qui entre dans la douille B de la *fig.* 2 aussi à vis, lorsqu'on en a ôté le petit bouchon également à vis C, fait pour empêcher qu'il n'entre de la terre ou poussière dans cette douille. Ces tenons à vis sont d'un pouce et demi de long, sur huit lignes de grosseur ; de cette manière il reste, deux lignes d'épaisseur pour la douille ; et en déduisant celle du filet de la vis, qui est d'une demi-ligne, cette douille se trouve encore d'une ligne et demie d'épaisseur ; elle sera alors d'une force suffisante pour le tenon à vis, l'expérience apprenant que ce tenon cassera encore plutôt que la vis. Cette proportion de force entre le tenon et la vis est intéressante.

D, *fig.* 1, est une pointe d'acier un peu camuse, pour percer la terre, les pierres et autres matières de l'intérieur ; on lui donne environ trois pouces de long, et on la fait à quatre pans, à trois, ou de telle autre forme qu'on juge à propos.

Elle porte un tenon à vis, semblable à celui A de la même *fig.* 1, et la douille dans laquelle il est vissé, est semblable à celle B de la *fig.* 2.

E est une ouverture ou rainure d'un côté, de six pouces de longueur, quatre lignes de largeur et neuf lignes de profondeur, arrondie

dans

dans le fond , faite pour apporter une partie des différentes couches de matières qui se rencontrent successivement dans le terrein que l'on sonde. Quand on cherche de l'eau , on met un morceau d'éponge dans cette rainure.

Le bout F de la *fig*. 2 porte un tenon à vis , pour entrer dans une autre douille ; si l'on veut allonger la sonde , ce que l'on fait en multipliant les barres qui se vissent pareillement les unes dans les autres , on en emploie jusqu'à concurrence de la profondeur où l'on désire atteindre.

Pour faire usage de cette sonde , on se sert d'un manche également de fer , *fig*. 1 , autrement appellé en mécanique *levier à deux branches* , G et H , de quinze pouces de longueur ou de rayon chacune ; ce manche ou levier porte une mâchoire à charnière I , garnie d'une denture d'acier intérieurement , d'une ligne d'épaisseur , serrée par une vis à piton L , à dessein de pouvoir le placer à la hauteur qu'on juge à propos. On serre et desserre cette vis avec une petite broche de fer de six lignes de grosseur , sur huit à neuf pouces de longueur.

La *fig*. 3 est le plan du même manche ou

levier, séparé de la barre de fer, et marqué des mêmes lettres G H I L.

La *fig.* 4 est un manche ou levier semblable à celui ci-dessus, excepté qu'il n'a qu'une seule branche ou rayon G. Les lettres I L signifient la même chose qu'au précédent. Ce dernier manche ou levier sert à arrêter successivement la sonde quand on la retire, et à visser et dévisser toutes les barres qui la composent, ainsi que la pointe d'acier qu'on met au bout.

C'est par le premier manche de fer ci-devant marqué, qu'on tient la sonde, et qu'on l'enfonce successivement dans le terrein, en commençant par la première barre, soit en la tournant, soit en la haussant et baissant avec force. Cette première barre étant entrée, on y ajoutera la seconde, et ensuite d'autres à mesure, s'il en est besoin.

On retire de tems en tems la sonde, pour voir l'espèce de matière contenue dans la rainure. Deux hommes peuvent sonder ordinairement, en moins d'un quart-d'heure, à douze pieds de profondeur. Quand ils rencontrent beaucoup de pierres, l'opération est plus longue, mais ils les percent sûrement, en haussant et baissant cet instrument.

J'ai vu sonder de cette façon, comme je l'ai déjà dit, à plus de cent pieds de profondeur, pour chercher de la mine ; le nombre des barres de fer de même longueur, entrant pareillement les unes dans les autres, était seulement multiplié. Quand il y en avait un certain nombre, en les levant et les laissant retomber en s'appuyant dessus, leur propre poids les faisait entrer chaque fois fort avant dans la terre, et percer même les rochers les plus durs. On avait des pointes d'acier de différentes formes, pour succéder à celles qui s'usaient ; on mettait même quelquefois à leur place une mèche en forme de cuiller très-coupante, dans le goût de celles dont se servent les charpentiers, et cette cuiller rapportait de la matière du fond. Le plus long de ce procédé était le dévidage de toutes ces barres de fer, qu'on était obligé de réitérer souvent, pour voir, de degré en degré, les changemens et la nature de l'intérieur.

J'ai encore marqué, en parlant de mon ancienne sonde, qu'en remontant les barres, on les arrêtait successivement par des chevilles de fer qu'on passait dans les trous faits pour tenir le manche ; mais cela n'aura pas lieu pour la nouvelle sonde que je décris, dont les barres ne sont point percées, attendu l'aisance que l'on a de changer à volonté de place le premier manche de fer, et de retenir les barres avec le dernier qui empêche qu'elles n'échappent et ne retombent au fond, d'où il serait souvent difficile et coûteux de les retirer, comme je l'ai observé.

J'ajouterai ici que, quand on sonde fort avant dans un fonds, ce qui le plus souvent n'est pas nécessaire pour les défrichemens, où il suffit ordinairement de connaître l'intérieur à environ huit ou dix pieds de profondeur, il faut employer un homme ou deux de plus à cette opération, le fardeau devenant lourd, parce que chaque pied de ces barres de fer pèse trois livres; et quand on veut pénétrer encore plus loin dans la terre pour quelque découverte intéressante, l'on fait faire une machine de bois très-simple et peu coûteuse, appellée *treuil* : c'est une sorte de rouleau percé de deux trous qui se croisent à chaque bout ; en le monte sur deux X ou croix de Saint-André, et l'on y passe une corde qu'on attache au manche de la sonde. Tous les charpentiers connaissent cette machine, dont il serait superflu de donner une plus ample explication.

On ne doit jamais frapper sur la sonde, soit avec un maillet ou autrement, pour l'enfoncer, attendu qu'on la fausserait, et qu'elle casserait ensuite facilement. Cette nouvelle sonde est de moitié plus légère et bien plus commode que l'autre, ce qui m'engage à la préférer; elle est aussi solide, les barres n'en étant point percées, et je crois qu'elle approche du degré de perfection où l'on peut conduire cet instrument; ce sont les serruriers qui le font, et celui dont je me suis servi l'a exécuté tout au mieux.

On prend, pour le faire, des barres carrées d'un pouce de diamètre, du fer le plus doux, tel que celui de Berry; on les met rougir dans le feu, et on les arrondit, le plus exactement qu'il est possible, à coups de marteau sur l'enclume. On fait les douilles à part, de la même façon qu'un canon de fusil, et on les tourne au tour; on les soude au bout des barres de fer, avec lesquelles elles ne font plus ensuite qu'un même corps, que l'on a soin de tenir du même diamètre.

Si, au lieu de faire ces douilles à part, on perçait simplement les barres de fer par le bout, ainsi qu'on fore à présent les gros canons, cela ne vaudrait rien, parce que l'on prendrait le fer dans la longueur de ses fils, qui vont comme ceux du bois ; les douilles se trouveraient alors filandreuses et pleines de chambres ; elles s'écarteraient ou crèveraient bientôt par le mouvement et l'effort de la vis ; au lieu qu'en les travaillant séparément, comme je viens de dire, on place le fil du fer sur le côté ; il forme autant d'anneaux qu'il a de fils, et est lié dans toute sa force.

C'est une chose essentielle que cette sonde soit très-droite, pour qu'elle ne casse pas en la haussant ou baissant, et qu'on la tienne exactement arrondie, ainsi que bien unie, sans la moindre grosseur, pour que rien ne l'arrête dans la terre, où son frottement est considérable. Je me suis étendu sur la description et la construction de cet instrument, vu son utilité et même sa nécessité pour beaucoup de personnes. Je me persuade que, d'après ce détail, tous les serruriers pourront le faire, en quelque pays que ce soit.

Cette explication m'a paru nécessaire, parce que la plupart des sondes dont on se sert en France et ailleurs, même pour les grands ouvrages, sont mal faites, et ont communément des nœuds plus gros que les barres, aux endroits où ces barres se vissent les unes dans les autres. De tels nœuds rendent ces sondes fort difficiles à enfoncer et à retirer de la terre , allongent beaucoup l'opération , et définitivement les font casser ; inconvénient que l'on évite avec celle que je viens de décrire.

Je passe à l'écobue. Je n'y ai rien changé. Cet outil , tout emmanché et vu de côté , est représenté dans la même planche , *fig.* 5. La *figure* 6 est le fer de l'écobue vu de face ; elle est bien plus facile à faire que la sonde , et le taillandier auquel je me suis adressé , s'est conformé si exactement au modèle que j'ai fait venir d'Anjou pour lui remettre , que j'ai eu peine à le reconnaître ensuite dans sa boutique parmi les autres écobues de sa façon ; il les fait très-bien.....

La différence de pesanteur dans les écobues , qui varie de dix à douze livres , est réglée , comme je l'ai dit , selon la force des hommes que l'on emploie , et encore suivant la difficulté du terrein que l'on veut défricher ; c'est-à-dire , que l'on donne aux journaliers faibles des écobues moins pesantes , et qu'il en faut de plus fortes pour les terres lourdes , ou garnies , soit de grandes bruyères , soit d'autres productions sauvages très-épaisses, que pour celles qui sont légères ou peu chargées de ces sortes de productions, attendu qu'il est nécessaire, ainsi que je l'ai expliqué, de les enlever par-dessous la croûte que forment leurs racines jusqu'à environ quatre pouces d'épaisseur.

On pelera ou écobuera moins épais les terreins qui ne seront pas si remplis de racines et de productions, crainte qu'on ne pût après cela les faire brûler, parce qu'en général la superficie de la terre ne brûle qu'autant qu'il s'y rencontre une quantité suffisante de matière végétale.

Cette proportion entre la matière végétale et la terre est essentielle pour bien opérer le brûlis, dont tout le succès d'un défrichement dépend, et je ne saurais trop recommander d'y porter la plus grande attention.

Telles sont les observations, tels sont les seuls changemens que j'ai cru devoir faire dans cette nouvelle édition. (*Suivent des détails de circonstances que l'on a cru devoir supprimer.*)

CHAPITRE VI.

ÉCLAIRCISSEMENS SUR LES DÉFRICHEMENS.

LE nombre de ceux qui travaillent à mettre en valeur des terres incultes, et le goût pour ces sortes d'entreprises augmentant tous les jours, on m'a demandé plusieurs éclaircissemens à ce sujet : je me suis fait un devoir de les donner autant qu'il a dépendu de moi. J'ai pensé qu'il était à propos de rapporter ici ceux qui m'ont paru les plus intéressans.

Ces éclaircissemens contiennent de nouveaux détails :

1°. Sur la manière de placer les gazons pour qu'ils sèchent aisément;

2°. Sur la façon d'écobuer ou de peler les terreins en friche, dans lesquels on rencontre de fortes productions sauvages, entremêlées d'autres moins considérables;

3°. Sur les précautions à prendre quand on fait brûler un défrichement situé dans le voisinage d'un bois, ou de quelqu'autre endroit combustible;

4°. Et sur les attentions qu'on doit avoir lorsqu'on se sert, tant de la sonde que de l'écobue.

Je vais traiter successivement chacun de ces articles dans l'ordre ci-dessus.

Manière de placer les gazons pour qu'ils sèchent aisément.

Lorsque les journaliers employés à écobuer lèvent les gazons comme je l'ai marqué dans mon ouvrage, ils ont soin de les poser de façon qu'ils portent d'un bout les uns dessus les autres ; mais s'ils craignent qu'ils ne sèchent pas assez vîte dans cette position, ainsi qu'il arrive souvent, ils doivent, dans ce cas, les mettre d'un seul tems, avec leurs écobues, par petits tas de trois, quatre ou cinq l'un sur l'autre, suivant leurs divers degrés d'épaisseur et la quantité de matière combustible ou végétale qu'ils contiennent.

L'air passant entre ces gazons, qu'on place toujours la chevelure en dessus, les pénètre et les sèche bientôt, principalement s'il fait du hâle ; il ne faut cependant point attendre qu'ils soient trop secs pour les mettre en fourneaux et y allumer du feu, parce qu'ils brûleraient trop et trop vîte ; ils ne produiraient pas alors autant de cendres, ni d'une aussi bonne qualité, que quand les gazons brûlent lentement. Il est à cet égard une juste proportion qu'on apprendra par la pratique.

Quelquefois on arrange les gazons sur bout, deux à deux, appuyés l'un contre l'autre, en sorte qu'ils forment une espèce de toit avec du vide dessous, et leur chevelure par-dessus ; mais cet arrangement allonge l'ouvrage et coûte davantage. Il n'est bon que pour les marais ou les prairies qu'on défriche, et qui conservent encore de l'humidité.

Façon d'écobuer ou de peler les terres en friche, dans lesquelles on rencontre de fortes productions sauvages, entremélées d'autres moins considérables.

Quand j'ai dit qu'avant de défricher un terrein, il fallait se délivrer des grosses racines, je n'ai entendu parler que de celles qui empêchaient l'effet de l'écobue, et nullement des autres, que cet outil tranchant pouvait couper ; on l'aiguise même de tems en tems sur la pierre, quand il en est besoin, pour cet effet. Les ajoncs de la petite espèce, la lande et bruyères ordinaires, le petit houx, les jeunes pieds d'épine et de genièvre, la ronce, le genêt, et généralement toutes les productions sauvages point trop fortes, doivent partir avec les gazons qu'emporte l'écobue, ainsi que je l'ai marqué.

A l'égard des ajoncs de la grande espèce, des grandes bruyères, appellées en Anjou *bray mâles*, des gros pieds d'épine, de genièvre et de houx, des différentes productions sauvages et arbrisseaux aussi forts ou plus considérables, dont l'écobue ne saurait couper les racines, ils restent sur le terrein, sans cependant empêcher de lever les gazons, que l'on coupe entre ces grandes plantes et forts arbrisseaux, de l'épaisseur convenable. De tels gazons se trouvent, à la vérité, souvent d'une forme très-irrégulière pour la longueur et la largeur; mais ils n'en sont pas moins bons, ayant l'avantage d'être composés de beaucoup de matière végétale.

A mesure qu'on écobue, il faut avoir soin de mettre ces gazons par petits tas, comme je l'ai ci-devant expliqué, et de les placer dans les intervalles où le fonds est pelé, il s'y trouve suffisamment de vide : de cette façon les grandes productions sauvages et forts arbrisseaux ne sont point engagés parmi les gazons, et on a la liberté de les arracher ensuite à coups de tranche , de pioche ou de pelle , quand on veut , sans déranger ces gazons : il suffit que cela soit fini au tems où l'on sème les blés dans le pays.

Les uns font cette opération avant le brûlis des gazons , et les autres après , suivant leur commodité ; dans ce dernier cas , on doit cependant toujours l'exécuter préalablement , dans les places où l'on a dessein de mettre les fourneaux , parce qu'il est important de ne point remuer les monceaux de cendres qui en proviennent, qu'au moment de la semaille.

Avant d'emblaver le terrein , on recomble les trous , et on unit la terre qui a été remuée pour arracher les grandes productions sauvages et forts arbrisseaux dont il s'agit ; on les enlève ensuite avec leurs racines, on les laisse sécher à l'air quelque tems , après quoi ils servent au chauffage , principalement pour la cuisine. On tire ainsi parti de ces racines, qui dédommagent, en beaucoup d'endroits , de ce qu'elles ont coûté. Dans les pays où le bois est compté presque pour rien , on ne prendra point la peine de les voiturer , et on les fera brûler avec les gazons des fourneaux ; elles augmenteront le volume et le degré de bonté des cendres.

Plus un terrein se trouvera garni de fortes

productions sauvages , et mieux le fonds vaudra. S'il coûte davantage à défricher et mettre en valeur , il produira de bien meilleures récoltes , qui dédommageront amplement des avances que l'on aura faites.

Les ajoncs n'étant pas généralement connus sous le même nom , plusieurs personnes de différens pays m'ont demandé ce que c'était ; je vais en donner ici la description.

L'ajonc est une espèce d'arbrisseau toujours vert, comme le sapin , et rempli de pointes très-piquantes ; il porte des fleurs jaunes, qu'il conserve toute l'année. Il y en a de deux sortes , le grand et le petit ; à la hauteur près , ils se ressemblent tous deux. En pilant les pointes qui leur tiennent lieu de feuilles , dans le même goût qu'au sapin , elles sont très-bonnes pour les chevaux , et leur valent mieux que de la paille hachée. Les bœufs , les vaches, ainsi que la plupart des autres bestiaux , s'en nourrissent aussi fort bien , quand elles sont brisées de cette façon , et les ânes les broutent même sur pied. On peut être sûr que le blé réussira , par-tout où l'on rencontrera des ajoncs.

Précautions à prendre quànd on fait brûler un défrichement situé dans le voisinage d'un bois ou de quelqu'autre endroit combustible.

Les malheurs qu'occasionne le feu sont si fort à craindre, qu'on ne saurait se donner trop de soins pour s'en garantir. Pour peu que le défrichement qu'on a écobué se trouve dans une situation dangereuse à cet égard, on doit attendre un tems calme pour en allumer les fourneaux, et ne point s'y hasarder quand il fait du vent, parce qu'on ne serait peut-être pas le maître alors d'empêcher l'incendie de s'étendre dans les environs, ou quelquefois on ne pourrait plus l'arrêter qu'après avoir causé de grands ravages.

Si ce défrichement joint de tous côtés à des bois, bruyères, landes, et autres endroits faciles à incendier, on commencera dans ce cas par faire une rangée de fourneaux tout autour; on les éloignera de vingt-cinq ou trente pieds des terres voisines, et de dix pieds au moins des autres fourneaux qui seront construits ensuite dans l'intérieur du défriche-ment, où l'on rejettera les gazons que l'on aura de reste. On observera après cela de quel côté vient le vent, car il en souffle toujours un peu, quelque calme que soit le tems, et on mettra le feu dans la rangée des fourneaux du circuit de ce défrichement, qui se trouvera la plus au-dessous du vent. Plusieurs hommes garderont ces fourneaux pendant qu'ils brûleront; ils jetteront dessus, de la terre avec des pelles, en cas qu'ils soient fort garnis de bruyères ou autres matières combustibles, et qu'ils poussent des flammes trop violentes.

Cette terre amortira les flammes et contiendra le feu, de sorte que les fourneaux se consumeront peu à peu, sans causer aucun dommage à l'extérieur du défrichement, non plus que dans son intérieur, où ce feu pourrait faire tort de deux manières : la première, s'il pénétrait dans les gazons épars et les brûlait, parce que la cendre répandue sur la surface du terrein, sans être amoncelée, s'évaporerait; la seconde, s'il prenait dans les autres fourneaux, en cas qu'on les eût tous faits auparavant; parce qu'alors l'incendie devenant trop considérable, il ne serait plus possible de l'arrêter, et de l'empêcher de gagner le voisinage.

La rangée des fourneaux la plus au-dessous du vent étant consumée, on fera brûler successivement

cessivement, de la même façon, chacune des autres rangées qui formeront le circuit de ce défrichement ; après quoi l'on reviendra à celle qui joindra cette première, on y fera une semblable opération, et l'on continuera de même, en prenant l'une après l'autre toutes les rangées qui se trouveront le plus en dessous du vent, jusqu'à ce que la totalité des fourneaux soit brûlée.

On aura l'attention de ne jamais allumer ces fourneaux que le matin, attendu qu'on est beaucoup plus en état de les gouverner, et de remédier au désordre qui peut arriver lors de la première violence du feu, pendant la journée que durant la nuit, à l'entrée de laquelle on ne manquera pas de laisser un certain nombre d'hommes, proportionné à la grandeur de l'entreprise, pour garder les fourneaux. Ces hommes les attiseront, et veilleront, jusqu'au retour des journaliers le lendemain, à ce que l'incendie ne s'étende pas ailleurs. Ils serviront encore à empêcher les incendiaires de venir prendre du feu dans ces fourneaux, pour embraser le voisinage dans les ténèbres, crime dont il est malheureusement arrivé plusieurs exemples, et que ces misérables peuvent, en quelque sorte, commettre alors impunément, si tout le monde s'en va, parce qu'on se persuade ensuite aisément que cet accident est arrivé de lui-même par le feu qui a gagné nuitamment les environs.

En ne négligeant aucune de ces précautions, qui ne sont pas toutes également nécessaires dans les cantons où le feu ne saurait causer de ravage extérieurement, on évitera tout inconvénient.

J'ai fait brûler ainsi plusieurs fois devant moi, et encore l'été passé, des défrichemens assez considérables, enclavés au milieu de différens bois taillis dans lesquels il se trouvait beaucoup de bruyères et autres matières combustibles, sans qu'il soit arrivé le moindre accident : si quelqu'un en essuie dans une pareille occasion, ce sera certainement sa faute.

Sur les attentions qu'on doit avoir lorsqu'on se sert, tant de la sonde que de l'écobüe.

On aura soin de tourner toujours la sonde à droite, en l'enfonçant dans le terrein et en la retirant, attendu que si on la tournait à gauche, on dévisserait la pointe et les barres, qui se sépareraient les unes des autres. En cas qu'une barre vienne à se fausser par quelqu'accident, il ne faut pas la remettre en terre sans l'avoir auparavant redressée, en la faisant rougir dans l'endroit courbé; autrement elle empêcherait l'effet de la sonde et la ferait casser. L'inspection des barres est donc un préalable nécessaire quand on veut se servir d'une sonde.

Ceux qui trouvent les écobues de dix à douze livres, et même celles de huit à dix livres trop lourdes, peuvent en faire faire de moins pesantes, si les hommes qu'ils emploient sont trop faibles, ou si la terre qu'ils défrichent est fort légère et peu garnie de productions sauvages; mais j'avertis qu'en général l'ouvrage vaut mieux lorsqu'il est fait avec de forts outils, et qu'on ne doit pas s'en rapporter entièrement à ce sujet aux journaliers: et, en effet, la plupart d'entr'eux cherchent les écobues les plus légères, pour s'éviter de la fatigue. Il est cependant nécessaire qu'ils en aient de convenables à leurs forces et au terrein. Ils s'y accoutument au bout de quelques jours, ainsi que je l'ai éprouvé dans mes défrichemens.

Il arrive souvent que le travail qu'on a fait pour rechercher et ôter les pierres assez grosses pour nuire, n'a point été suffisamment exact, qu'il en reste de telles, qui ne paraissent pas, sur la superficie de la terre; comme elles arrêteraient l'écobue et l'endommageraient, on aura la précaution de faire marcher devant les écobueurs un journalier qui sondera de nouveau le terrein par-tout, à environ six pouces, soit avec la première barre de la sonde garnie de sa pointe, soit avec un pic-perrier, outil dont on se sert dans les carrières : quand ce journalier rencontrera quelque pierre de l'espèce dont il s'agit, on la fera arracher aussi-tôt avec le même outil ou bien à coups de tranche.

Après le brûlis du défrichement, il sera à props de faire sonder encore ce terrein de la même façon, à deux pieds de profondeur, entre les monceaux de cendres, afin de trouver et d'enlever les pierres contre lesquelles la charrue pourrait se briser : lorsqu'on régalera les cendres, on fera une semblable opération sous ces monceaux, avant d'ensemencer la terre.

F I N.

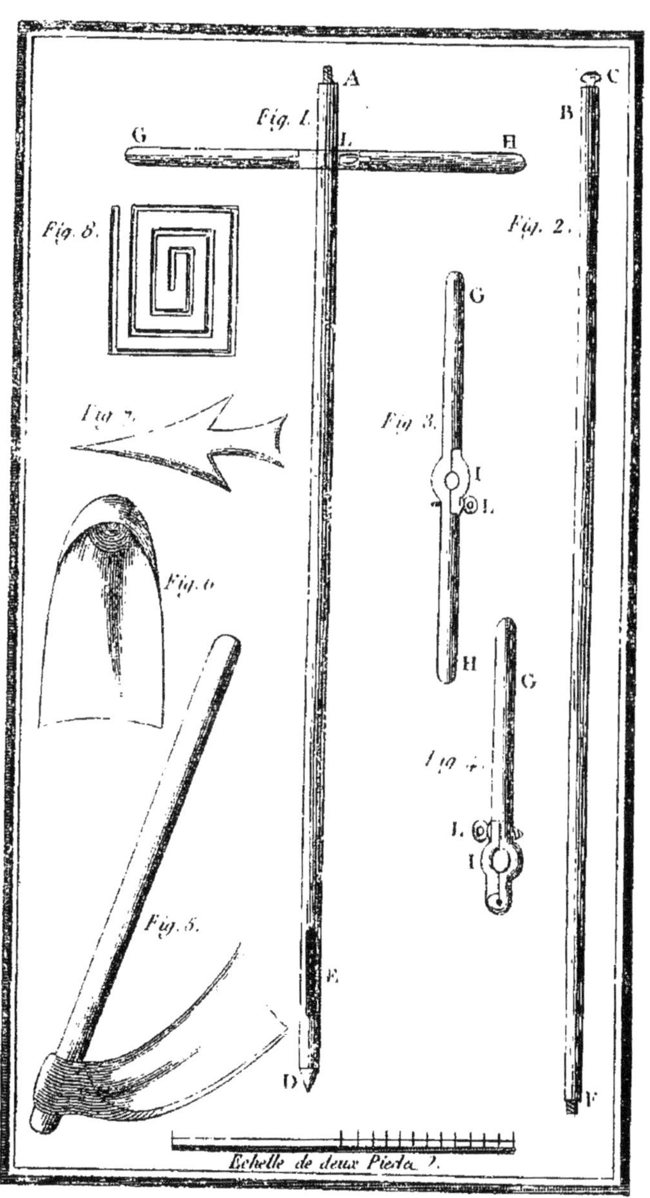

A
C
B
Fig. I.
G
H
L
Fig. 8.
Fig. 2.
G
Fig. 7.
Fig. 3.
I
L
Fig. 6.
H
G
Fig. 4.
L
I
Fig. 5.
E
D
F
Echelle de deux Pieds.

TABLE DES CHAPITRES

ET DES SOMMAIRES.

CHAPITRE PREMIER. *Travaux préliminaires pour les défrichemens , et Description de la sonde employée pour s'assurer de la qualité des couches inférieures du sol ,* page   I

Réduction ou destruction du gibier ,   4

Obstacles qu'il faut vaincre pour la réussite des défrichemens ,   5

Examen de la qualité du terrein ,   8

CHAP. II. DIVISION DES TERRES EN TROIS CLASSES. *Défrichement des sables vifs ,*   9

Semis de pins , pour remplacer le sarrasin , dans les sables vifs ,   12

Culture de céréales et de plantes légumières dans les sables vifs ,   18

CHAP. III. *Défrichement et culture des terres médiocres ,*   26

Description et emploi de l'écobue. Amas et brûlis de gazons. Tems propice ou défavorable pour cette dernière opération ,   28

Manière de semer sur ce défrichement ,   39

Moyens d'égoutter les terres. Résultats avantageux de l'emploi des cendres sur le brûlis. Différens états et qualités des cendres , reconnus

par leur couleur,   page 43

Tems que l'on doit laisser écouler d'un brûlis à un autre sur le même terrein. Détails généraux et particuliers sur la manière de labourer et de semer dans les défrichemens. Procédé économique pour épierrer le terrein. Diverses méthodes d'employer les cendres, etc.   47

Travaux à bras pour les défrichemens. Choix et préparation des semences. Céréales diverses appropriées à la qualité du sol, etc.   63

Récolte à faire sur les défrichemens. Digression pour et contre la méthode de payer les moissonneurs en argent ou en nature,   66

Labours, hersages et façons diverses à donner, la seconde année, au défrichement,   71

Moyens de former des bois sur les défrichemens. Succès et fautes de l'Auteur,   73

Fumiers articificiels et leurs diverses compositions,   78

Procédé pour rétablir les prairies naturelles épuisées. Avantages des défrichemens selon la méthode de l'Auteur. Détails sur le prix de la main-d'œuvre,   90

CHAP. IV. Défrichement et culture des bonnes terres. Description des bonnes terres, et productions qui leur sont propres avant et après le défrichement,   95

Clôture des parties défrichées. Arbres fruitiers dans l'intérieur,   104

Habitations à construire, proportionnées à l'étendue des défrichemens. Un mot sur les marais et les charrues,   105

CHAP. V. Observations sur la sonde et l'écobue, 110

CHAP. VI. *Eclaircissemens sur les défrichemens*, page 121

*Manière de placer les gazons pour qu'ils séchent
aisément*, 122

*Façon d'écobuer ou de peler les terres en friche,
dans lesquelles on rencontre de fortes productions sauvages, entremélées d'autres moins
considérables*, 123

*Précautions à prendre quand on fait brûler un dé-
frichement situé dans le voisinage d'un bois ou
de quelqu'autre endroit combustible*, 127

*Sur les attentions qu'on doit avoir lorsqu'on se sert,
tant de la sonde que de l'écobue*, 130

Fin de la Table.

L ES personnes qui, se trouvant à une distance convenable de la ville d'Annonay, désireront semer ou planter des pins de Bordeaux ou autres, pourront se procurer des graines et des plants d'excellente qualité chez MM. JACQUEMET-BONNEFOND père et fils, qui se sont particulièrement attachés à la culture des arbres verts. Cette maison est d'autant plus recommandable aujourd'hui, qu'on y trouve réunies à un point très-élevé la probité, la délicatesse, et toutes les connaissances théoriques et pratiques en agriculture.

Sou assortiment est complet en graines et plantes potagères et d'agrément, de fleurs de toutes espèces, ognons, griffes, bulbes, etc. ; graines d'arbres, de prairies artificielles, etc. etc. etc.

S'adresser à MM. JACQUEMET-BONNEFOND Père et Fils, à Annonay, département de l'Ardéche.